알기쉬운

전기동차 구조 및 기능 III

저압보조·제동장치

원제무 · 서은영

박영사

머리말

　전기동차는 전기에 의해 움직이는 차량이다. 전기동차를 이해하려면 열차 운전을 담당하는 기관사의 입장에서 바라보아야 그 실체를 알 수 있다. 기관사의 입장에서 바라본다는 일은 운전을 실질적으로 제어하고 지시하는 운적석의 관점에서 살펴보아야 한다는 의미이다. 기관사와 전기동차는 한 열차에 탄 공동운명체인 것이다. 기관사가 전기동차가 한 몸과 마음이 되어 움직일 때라야 비로소 승객에게 안전하고 편안한 철도서비스가 가능해지는 것이다. 이 같은 관점에서 기관사는 전기동차의 내면을 차분히 들여다보면서 그 속에 있는 구조와 시스템 요소들 간의 현상과 흐름, 그리고 기기들의 고유 기능 등에 대해 살펴볼 줄 알아야 한다.

　이 책에서는 저압보조장치와 제동장치에 관한 이론, 회로, 기기작동 방법, 고장시 조치 등을 다룬다. 이 책의 첫 번째 주제는 출입문 장치, 객실등, 운전실 고장표시를 다루는 저압보조장치이다. 저압조조장치의 전원은 SIV라는 고압보조회로로부터 흘러들어 온다.

　이 저압보조회로에서 출입문 장치와 객실등, 운전실등 및 운전실 고장표시등에 전원을 공급해 준다. 출입문이 제대로 동작되지 못하면 열차운행에 지장을 초래하게 된다. 객실등과 운전실등, 그리고 냉난방장치 역시 승객서비스 관점에서 가장 기본적인 서비스 제공요소이다. 무더운 여름에 냉방이 들어오지 않거나 추운 겨울에 난방이 켜지지 않은 전기동차를 상상만 해도 끔찍한 일이다.

기관사들은 달리는 것보다 세우는 것이 훨씬 더 어렵다고 입을 모은다. 이 책의 두 번째이자 마지막 장에서는 제동장치 전반에 대해 구체적으로 살펴본다. 제동장치를 동력 운전 후 주행 중인 전기동차를 정거장 등 목표지점에 정확히 정차시키기 위해 전동차 및 열차에 설치한 기기들이라고 정의한다. 제동장치는 고가속, 고감속에 제대로 적응하는 정밀도 높은 제동장치를 장착되어 있어야 한다. 또한 전기동차는 열차분리, 이상 사태 시에 신속하게 자동적으로 급정차할 수 있는 제동시스템을 갖추고 있어야 한다. 이런 관점에서 이 장에서는 제동장치의 특성과 기능을 제동장치 유형 별로 알기 쉽게 정리해 보았다. 제동장치에서는 현재 우리나라 철도에서 폭넓게 적용되고 있는 HRDA와 KNORR 제동시스템의 특징에 대해 상세하게 이해해 본다. 아울러 혹시 학생들이 본문에서 놓친 저압보조장치와 제동장치 관련 회로도나 장치가 나타날 경우에 대비하여 마지막 장에 이해하기 쉽게 풀어서 제공해 보았다.

제2종철기차량운전면허 시험을 준비하는 수험생들이 전기동차의 구조 및 기능과 관련한 이론과 운전기법으로 무장되어 있을 때 자신감과 도전의식이 생기게 마련이다. 이 책은 이런 관점에서 PPT 강의자료를 바탕으로 해서 기본적인 틀을 잡아 본 결과물이다. '전동차 기능과 구조'라는 방대한 양의 책을 3개의 책으로 분리해야 한다는 철도경영과 학생들과 졸업생 그리고 현장에서 근무하는 기관사와 관제사분들의 요구와 조언이 커다란 힘이 되었다. 아울러 세 번째 책의 원고를 가다듬고 여러 차례 열성적으로 교정작업하느라 애써주신 전채린 과장님께 깊은 고마움을 전하고 싶다.

2020년 바다에 맞닿아 있는 마을 월곶면에서
저자 씀

제1부 저압보조장치

제1장 4호선 VVVF전기동차 저압보조장치 [저압보조장치가 다루는 장치]

제2장 과천선 VVVF전기동차 저압보조장치

제3장 저압보조장치 핵심주제 요약

제4장 출입문 관련 고장 시 조치방법

제2부 제동장치

제1장 제동개요

제2장 HRDA(High Response Digital Analog)형 제동장치

제3장 KNORR 제동장치

제4장 제동장치 핵심주제 요약

제1부

저압보조장치

제1장

4호선 VVVF전기동차
저압보조장치
[저압보조장치가 다루는 장치]

(1) 출입문 장치

(2) 객실등

(3) 운전실 고장표시

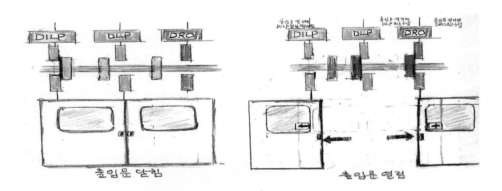

1. 개요

- 전기동차의 출입문은 1량에 좌(4개), 우측(4개)으로 8개가 설치
- 출입문 개폐취급은 전후부운전실에서 모두 가능
- 승객취급을 위한 출입문 개폐는 후부운전실(차장)에서 취급(1인 승무 경우 전부운전실에서 취급 가능)
- 출입문 개방(열림)은 안전을 고려하여 열차속도가 3km/h 이하에서 가능, 필요 시에는 그 기능을 By-Pass가능

- 모든 출입문이 닫힌 것을 확인한 다음 동력운전이 가능하도록 인터록회로가 구성(유모차, 가방이 끼어 있을 경우 등)
- 필요 시에는 그 기능을 By-Pass가능(부득이한 경우 비연동운전(출입문 닫힘과 역행운전을 풀어주는 것))
- 동절기에는 출입문 개방을 반감 가능(DHS: Door Half Switch)(추울 때 승객보호를 위해 4개 중 2개만 열림)

전동차문에 낀 가방끈 잡고 있다가…손가락 절단, SBS뉴스

2. 출입문 개폐스위치

① 키를 꽂고 90도로 돌린 다음에

② 양쪽의 열림스위치를 한꺼번에 눌러 주면 출입문이 열림(단 정차 중인 경우에만 3초 이하
에서만, LSR(Low Speed Relay)이 여자되었을 경우에만 열림)

③ DCS(Door Close System)를 누르면 출입문이 닫힘

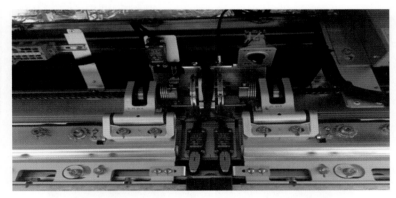

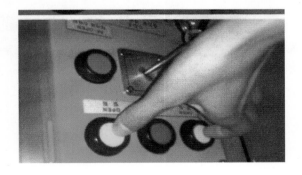

④ 출입문을 닫는데 승객, 물건 등이 끼어 있다면 DROS(Door Reopen System) 출입문재개
방스위치)를 누른다. 닫히지 않은 해당 출입문만 다시 개방

⑤ DROS스위치에서 손가락을 때면 다시 출입문이 닫힘

[승강장안전문(PSD)]

PSD는 Platform Screen Door의 약자로 승강장 선단에 고정 및 가동도어를 설치하여 승강장과 선로부를 차단함으로써 이용고객의 안전사고 예방과 공조효율 및 공기질을 향상시키기 위한 설비

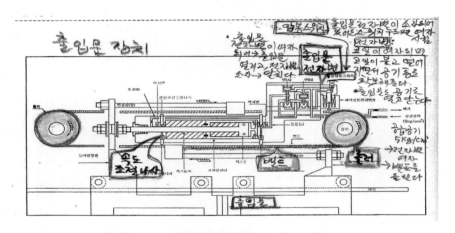

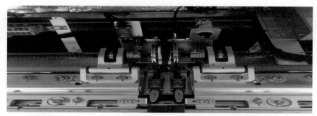

부산지하철신형전동차출입문, 구동장치전면교체, 연합뉴스

3. DS(Door Switch)

(시험 자주 출제되는 분야)

- DS는 DILP(Door Indicator Lamp), DRO(Door Reopen), DLP(Door Lamp) 등 3개 접점으로 구성

- DILP 접점은 7.5mm 이하(아주 얇은 물체는 OK)로 출입문 닫힐 때 접점이 ON되어 → 모든 차량의 접점이 ON되면(80개(10량 × 8개 문)의 DILP접점이 모두 ON

- 전부운전실의 DILP(도어등 또는 발차지시등)를 점등(녹색등: "출입문이 모두 다 닫혔으니까 출발해도 좋다!")시키고 동력운전회로(역행회로(11번선)가 구성되는 것)를 구성

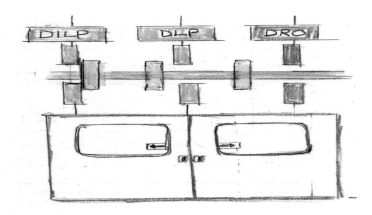

- DRO접점은 12.5mm 이상으로 출입문이 열릴 때 ON(DRO접점은 출입문 DROS(재개폐스위치)가 동작할 수 있게끔 해준다(12.5mm 이상 열려야 DRO접점구성).

- DLP 접점은 12.5mm 이상 출입문이 열릴 때 ON회로가 구성되어 차측등(DLP)을 점등

- DLP, DRO접점은 출입문이 열려 있을 때 접점

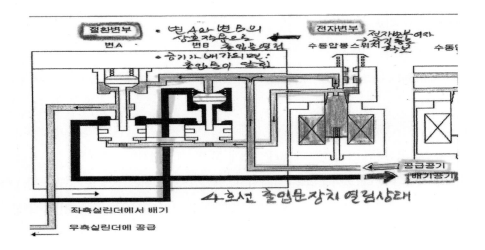

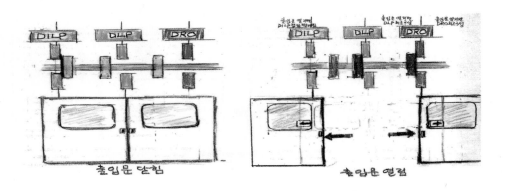

출입문 닫힘   출입문 열림

예제 다음 중 출입문 개방 시 OFF되는 접점으로 올바른 것은?

가. DILP 접점   나. DRO 접점

다. DLP 접점   라. 없다.

* DILP(Door Indicator Lamp: 발차지시 등)

* DRO(Door Reopen: 출입문 재개폐)

* DLP(Door Lamp: 출입문 차측표시등)

해설 출입문 개방시 "DLIP 접점"이 OFF된다.

DILP 접점은

- 7.5mm 이하로 ☞출입문이 닫힐 때 접점이 ON이 된다.
- 7.5mm 이상 ☞출입문 개방 시에는 접접이 OFF 된다

4. 동작

1) 열림(OPen)작용

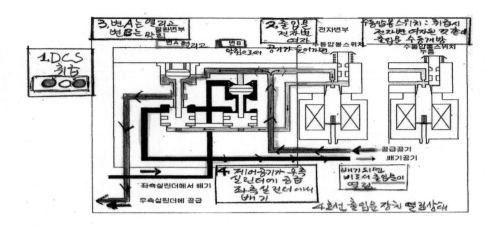

2) 닫힘(Close) 작용

- DCS를 취급하면 전자변(DMV)이 무여자된다.

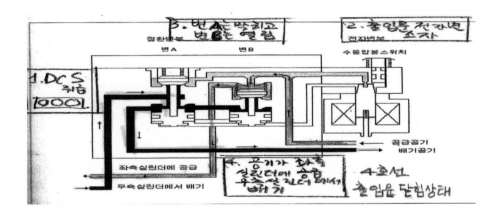

5. 출입문 전기회로

1) 출입문 열림(Open)회로

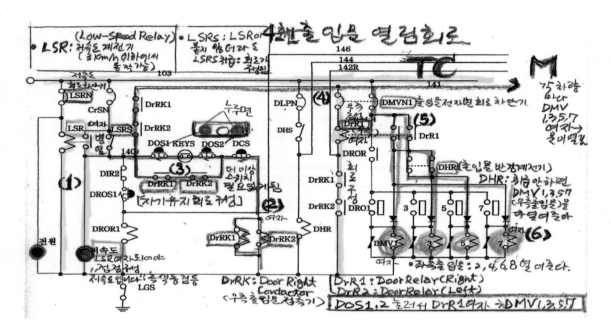

예제 **다음 중 과천선 VVVF 전기동차의 출입문 장치에 관한 설명으로 틀린 것은?**

가. 전부 HCRN 차단 시 DOOR등 소등된다.

나. 전, 후부 DLPN 차단 시 모니터에 해당차량 출입문 열림상태표시가 불능된다.

다. 후부 DILPN 차단 시 DOOR등은 소등되고 역행은 불능된다.

라. DIRS 취급 시 운행 중 출입문 개문이 가능하다.

* DIRS(Door Interlock Relay Switch: 출입문 비연동 스위치)

해설 DIRS는 출입문의 개폐제어회로나 기계적 또는 계전기등의 고장으로 출입문연동계전기(DIR₁, DIR₂)가 동작하지 않을 때 사용하는 것으로 운행 중 조작이 불가능하다.

예제 **다음 중 4호선 VVVF 전기동차 출입문에 관한 설명으로 틀린 것은?**

가. DILPN 차단 시 TGIS 모니터에 해당차량 출입문 열림상태 표시가 되지 않는다.

나. 후부 DILPN 차단으로 DOOR등은 소등되고, 11선이 가압되어 역행이 불가능하다.

다. DS DRO 점점은 출입문 12.5mm 이상 개문 시 회로를 구성한다.

라. LSRN 차단 시 LSRS를 취급하여 출입문을 개문시킬 수 있다.

*LSRN(NFB for Low Speed Relay: 저속도계전기회로차단기)

*LSRS(NFB for Low Speed By-Pass Switch: 저속도바이패스스위치

해설 후부 DILPN 차단 시 운전실 출입문등(DOOR등)은 "소등"되고 역행지령선(11선) "개방"으로 역행 불가능하다.

예제 다음 중 과천선 VVVF 전기동차에 관한 설명으로 맞는 것은?

가. ZVR 접점불량으로 출입문이 열리지 않을 경우 DIRS를 취급한다.

나. 후부 DILPN 차단으로 복귀 불능 시 후부 운전실에서 밀기운전한다.

다. DLPN 차단 시 TGIS 모니터에 출입문 열림 상태 표시가 불능된다.

라. DS DRO 접점은 12.5mm 이상 출입문 폐문 시 회로를 구성한다.

*ZVR(Zero Velocity Relay: "o"속도 계전기)

해설 DLPN 차단 시 "TGIS 모니터에 출입문 열림 상태 표시가 불능된다.

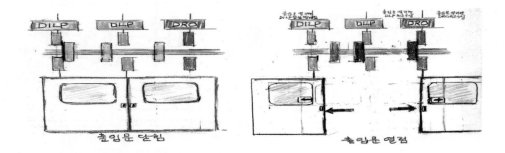

2) 출입문 닫힘 회로(DOS: Door Close Switch)

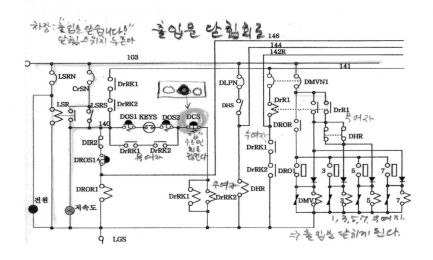

3) 출입문 재개폐(DRO: Door Reopen)회로

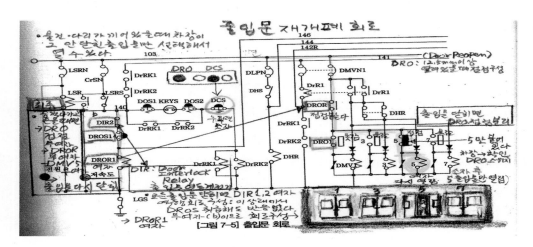

[그림 7-5] 출입문 회로

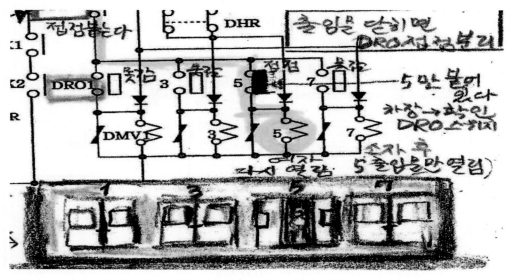

4) 출입문 반감 회로(동절기정차 시 출입문 반만 열림)

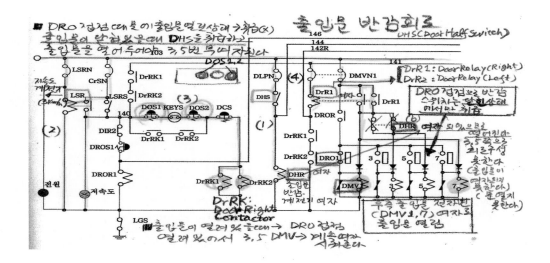

5) 발차 지시등(DILP) 점등 회로(과천선도 동일)

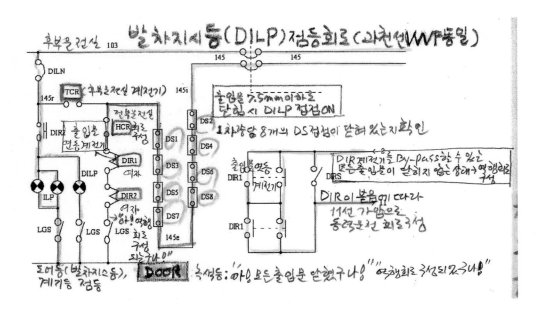

6) 차측등 및 TGIS 화면 현시 회로

- 출입문 열리면
- 출입문 개방되어 있음을 차량 외측에 표시

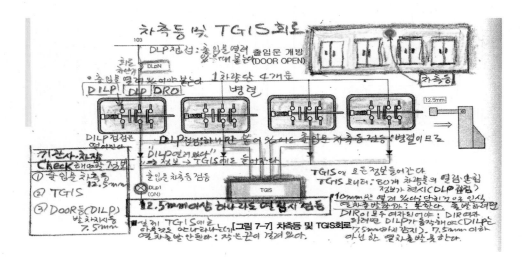

[그림 7-7] 차측등 및 TGIS회로

7) 출입문 보안장치

- 열차가 정지되면 저속도등(녹색등)이 (LSR(Low Speed Relay)계전기 점등되면 녹색등 점등) 점등되어 출입문 개방취급이 가능
- 열차속도 3km/h 이상이 되면 저속도등(녹색)이 소등되며 출입문 개방이 불가능
- 만일 전 차량의 출입문이 개방되지 않거나 출입문 보안장치의 고장 시 LSRS(LSR By-Pass Switch)를 취급하면 정차와 관계없이 출입문을 개방

제2절 점등회로

1. 개요

- 저압 보조는 SIV 출력 교류 3상 380V 60Hz가
- 보조 변압기에서 강압된 AC100V 및 AC220V, 60Hz의 전원과 정류 장치 (AC → DC로 바꾸어 주는 장치)를 통한
- DC100V 전원으로 변환하여 사용
- 4호선 교직류겸용 전동차는 모든 객실등이 DC100V용으로 되어 있어
- 절연구간이나 순간 단전 시에도 소등되지 않으므로 승객의 편의를 증대

- 축전지의 소모량이 많아지므로(전부 DC이므로 문제 발생 시(정상 시는 SIV를 통해 전압을 계속 보내주지만 축전전압 또는 SIV고장 시 축전지 소모량이 많아져서) 운행에 지장을 초래하므로

- 이를 보완하기 위하여 RHLP(Room Half Lamp Contactor: 24개라면 12개만 작동 등 반만 작동하게 되어있다)와

- SCN(Service Control: 객실부하제어회로차단기) Trip(트립해 주어 모든 객실등을 꺼버린다) 회로가 구성

- 열차가 절연구간을 통과하거나 순간 단전 시에는 RHLPK가 소자하여 객실등이 반감되며

- 단전시간이 2분 이상 지속되면 SCN을 Trip시켜 비상등 4개씩만 점등(이렇게 축전기를 보호하기 위한 회로가 구성됨)

2. 전조등 및 후부표지등

- 전조등은 TC차 전면 좌우에 각각 백열등을 사용하여 165W/55W인 2개의 필라멘트를 내장하고 있으며

- 전원은 AC100V와 DC100V를 사용한다. 후부표지등은 AC100V와 DC100V전원으로 적색등을 사용한다(혹시 AC전원에 문제가 생기더라도 DC전원으로 보완).

(1) 전조등(HLP)점등 회로

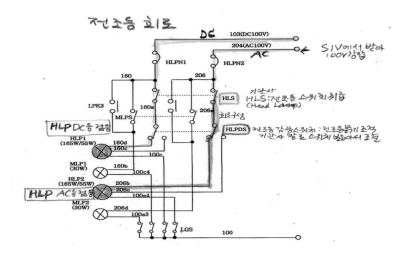

(2) 후부표지등 점등 회로

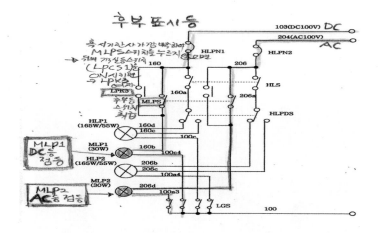

예제 다음 중 4호선 VVVF 전기동차 AC100V 연장급전에 관한 설명으로 틀린 것은?

가. AC100V는 전부표지등(2위) 운전실등(1위) 행성찰등, 시간표등에 사용된다.

나. AC100V는 SIV에서 나온 AC380V를 단권변압기(TR)에서 AC100V로 변환하다.

다. 고장차 운전실 TreESN을 ON 취급하여 AC100V 연장급전을 한다.

라. 고장차 운전실의 TreESN off 취급하여 AC100V 연장급전을 한다.

* TreESN(Extension Supply Relay for "Tr": 단권변압기 연장급전 차단기)

해설 AC100V 연장급전 취급법

① 고장차 운전실 TreESN OFF(정상시 ON 위치)

② 전후부 운전실 TrESN을 ON 취급한다(TrESN 정상시 OFF 위치).

3. 객실등 회로

- 객실등 회로: 모두 DC100V(서울교통공사 차량의 경우), TC차(운전실이 있기 때문에 줄어든다)에 22개

- M차 및 T차에 24개, 그 중 4개는 비상등

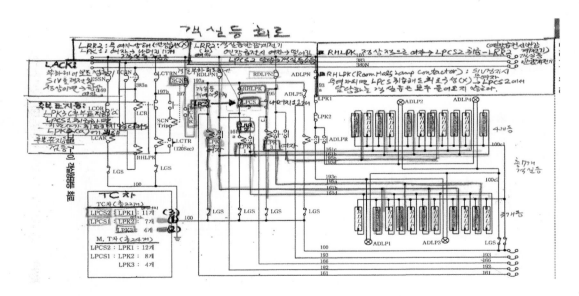

4. RHLPK(NFB for Room Heater Lamp) 회로 및 SCN 회로차단기

- 정전 또는 SIV가정지되어 AC380V 전원이 차단되었을 경우

  * SCN(NIB for Service Control: 객실부하제어 회로차단기)

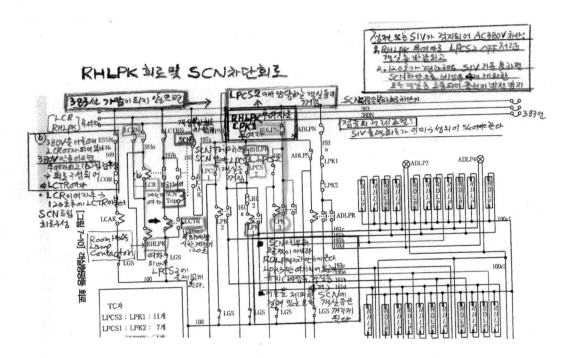

방공등(ADLP: Air Defense Lamp) 회로

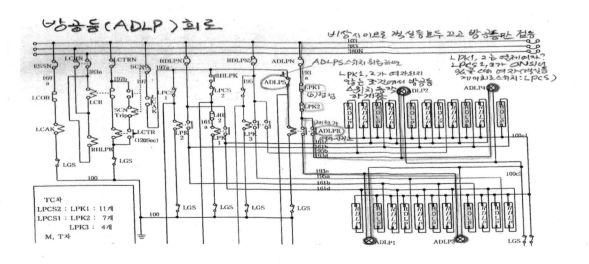

LCAK(Load Control Aux. Contactor: 부하제어보조접촉기) 및
LCOR(Load Cut Out Relay: 부하개방계전기) 여자회로

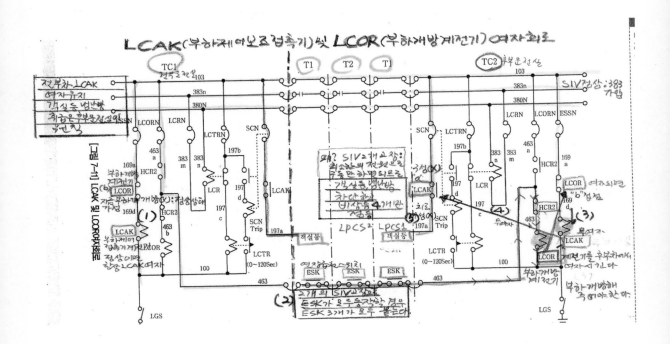

예제 다음 중 4호선 VVVF 전기동차에 관한 설명으로 맞는 것은?

가. 출입문이 7.5mm이상으로 열리면 각 DIR(DS)접점이 ON 된다.

나. M차 PLPN 차단 시 운전실 POWER등 점등이 불능된다.

다. 운행 중 단전으로 120초가 경과하면 LCTR이 소자하여 GCU 전원을 차단, BAT 방전을 예방한다.

라. 인버터 출력전압은 직류구간운전 시 교류 3상 0~1100V이다.

* LCTR(Load Cut Out Timer Relay: 부하개방시한계전기)
* PLPN(NFB for Pilot Lamp: 지시등 회로 차단기)

해설 가. 4호선 VVVF 전기동차가 7.5mm이하로 출입문이 닫히면 DILP(DS)접점이 ON 된다.
　　　나. M차 PLPN 차단 시 LGS로 전부운전실 POWER등이 점등된다.
　　　다. 운행 중 단전 시 LCTR이 여자한다.

다음 중 4호선 VVVF 전기동차 출입문에 관한 설명으로 틀린 것은?

가. DLPN 차단 시 TGIS 모니터에 해당차량출입문 열림상태표시가 되지 않는다.

나. 후부 DILPN 차단으로 DOOR등은 소등되고, 11선이 가압되어 역행이 불가능하다.

다. DS DRO 점점은 출입문 12.5mm 이상 개문 시 회로를 구성한다.

라. LSRN 차단 시 LSRS를 취급하여 출입문을 개문시킬 수 있다.

해설 후부 DILPN 차단 시 운전실 출입문등(DOOR등)은 "소등"되고 역행지령선(11선) "개방"으로 역행 불가능하다.

예제 **다음 중 4호선 VVVF 전기동차에관한 설명으로 맞는 것은?**

가. 단전 후 120초가 경과하면 객실등은모두 소등된다.

나. SIV 정지 시 해당차량객실등은반감되나 연장급전시 정상 복구된다.

다. 전조등 및 후부표지등은 DC100V와 AC200V을 사용한다.

라. 전부에서 객실등을 취급할 경우 SIV 2개 정지로 연장급전시 객실등은 전 차량 반감된다.

해설 가. 단전되면 냉방가동중지 및 객실등은 반감상태가 된다.
  나. SIV 1대 고장으로 연장 급전 시 고장 및 급전유니트냉방 반감, 난방 350W 회로 차단
  다. 전조등은 우측 HLP1(DC100V), 좌측 HLPN2(AC100V) 후부표지등 MLP1(DC100V),
    MLP2(AC100V) 좌우로 설치
  * HLP(Head Lamp: 전조등)

예제 **다음 중 4호선 VVVF 전기동차의 DS접점에 관한 설명으로 틀린 것은?**

가. DLP접점은 10량 편성 시 총 80개이다.

나. 출입문이 12.5mm 이상으로 열리면 DLP접점은 ON 된다.

다. 출입문이 12.5mm 이하로 닫히면 DROS 취급이 가능하다.

라. 출입문이 7.5mm 이하로 닫히면 DIR접점은 ON 된다.

* DS(Door Switch: 출입문 연동스위치)

해설 12.5mm 이상이 벌어져서 재개방스위치(DROS) 취급하면 해당 출입문만 선택적으로 재개방한다.

예제 다음 중 4호선 VVVF 전기동차의 동력운전과 관계있는 차단기로 맞는 것은?

가. DSR2   나. ELBR

다. DILPN   라. CrSN

* CrSN(NFB for CrS: 출입문 스위치 회로 차단기)
* ELBR(Electric Brake Relay: 전기제동계전기)
* DSR2(Dead Section Relay2: 절연구간 제2계전기)

해설 4호선 VVVF 전기동차 동력운전과 관계있는 차단기는 DILPN이다.

과천선 VVVF전기동차 저압보조장치

제1절 과천선 출입문 장치

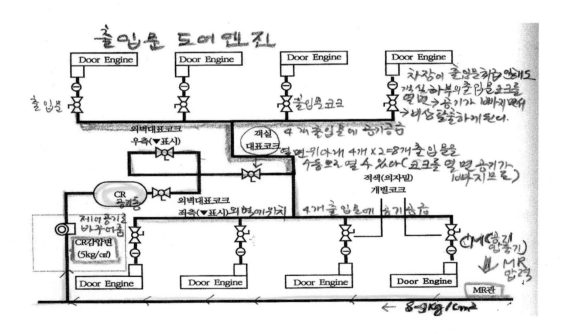

예제 다음 중 과천선 VVVF 전기동차 에 관한 설명으로 틀린 것은?

가. 출입문의 표준규격은 폭이 1,300mm이고 높이가 1,650mm이다.

나. 전동차에 적재된 알카리 축전지는 닐켈-카드늄식으로 TC차 및 T1차에 설치되어 있다.

다. 연장급전 취급시 객실등은 LPK2 접촉기 무여자로 자동적으로 반감된다.

라. 후부 TC차 PLPN 차단시 MCB는 양소등되나 정상출력이 가능하다.

* LRK2(Lamp Contactor 2: 객실등 제 2접촉기)

해설 과천선 VVVF 출입문 표준 규격은 1,300mm 높이 1,860mm이다.

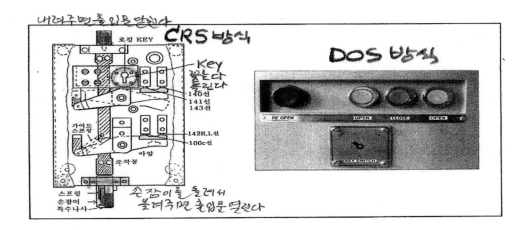

1. 개폐작용

- 과거에는 차장 스위치(Crs: Crew Switch)를 ON하면 각 출입문에 ON, OFF DMV
  (Door Magnet Value:출입문 전자변) 전자변이 2개로 되어 있었다. 전자변이 여자되거나
  소자되어 출입문이 열리거나 닫힌다.
- 현재 과천선 VVVF차량에서는 1개의 일체형 전자변으로 설치되어 있다.
- 이 전자변이 무여자됨에 따라 출입문 개폐작용이 이루어진다.

2. 출입문 연동스위치DS(Door Switch)(4호선과 같으므로 복습)

- DS는 DILP(Door Indicator Lamp: 발차지시등), DRO(Door Reopen), DLP(Door Lamp) 등 3개의 접점으로 구성
- DILP접점은 7.5mm 이하로 출입문이 닫힐 때 접점이 ON되어 모든 차량의 접점이 ON되면 전부운전실의 DILP를 점등시키고 동력운전회로를 구성
- DRO접점은 12.5mm 이상으로 출입문이 열릴 때 ON, DROS(출입문 재개폐스위치) 취급하면 해당 출입문만 선택적으로 개방, DRO접점 때문에 출입문 개방상태에서는 반감위치를 취급해도 반감 안 됨
- DLP접점은 12.5mm 이상 출입문이 열릴 때 ON회로가 구성되어 출입문 차측등(DLP)을 점등

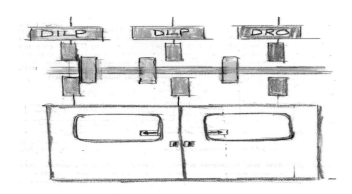

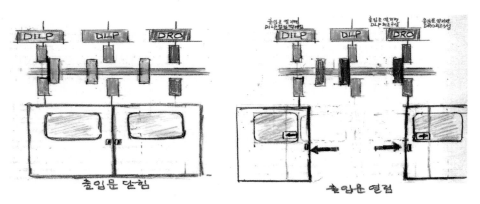

출입문 닫힘   출입문 열림

3. 출입문 회로

1) 출입문 개방회로

(1) CRS (Crew Switch:출입문개방스위치) 취급하면(DrR:DoorRelay)여자

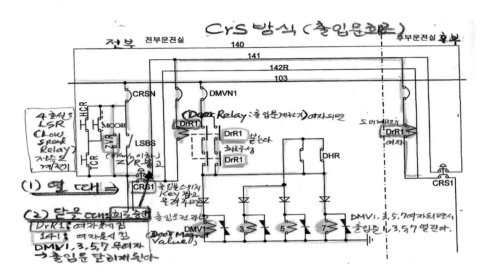

2) DOS(Door Open Switch)방식

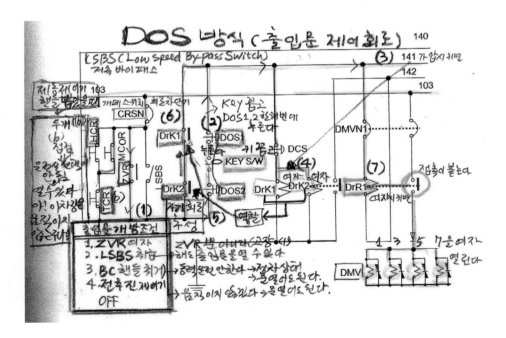

3) 출입문 재개폐회로(DROS: Door Reopen Switch)

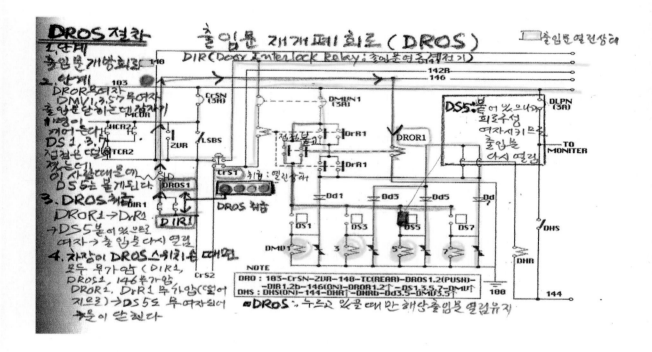

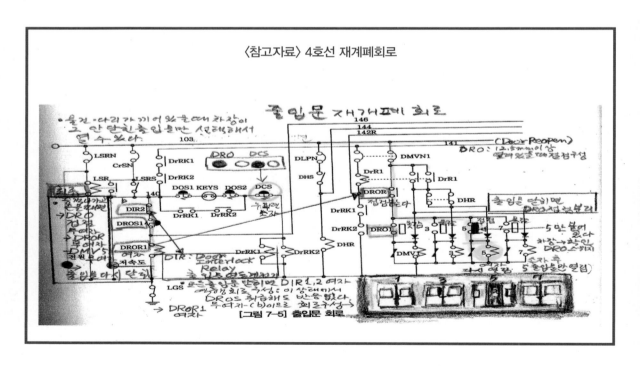

〈참고자료〉 4호선 재계폐회로

[그림 7-5] 출입문 회로

(1) DOS와 DROS 접점불량 시 조치법(난이도 상(이해를 하고 암기!!))

[DOS와 DROS접점 불량 시 조치법](고착: 스위치가 붙어버리는 등 고장 상태)

1. DOS와 DROS 둘 다 출입문을 개방한 후 CRS(DOS: 개방스위치)를 OFF해도 전체 출입문 불능(닫히지 않는다) ("출입문닫습니다!"했는데 출입문이 안 닫혀!!" 닫으려면 CRSN차단기를 OFF시켜본다)

2. CRSN OFF 후 CRSN만 ON 했는데 출입문이 다시 열리면 CRS(DOS) 고착 의심(원래 CRS 개방스위치에 의해 문이 열려야 하는데!!)

3. CRSN을 ON시켰는데 출입문이 다시 열리지 않으면(닫힌 상태를 유지)(다시 열려야 하는데) DROS 고착 의심(원래 DROS를 취급하면 해당 문을 열려야 하는데!)

4. CRS(출입문 스위치) 고착 시
   – 출입문 취급은 CRSN ON OFF를 하여 취급.
   – 즉, CRSN을 OFF시키고, 다시 CRSN을 ON시킴으로써 출입문을 열고 닫는다(회송이 원칙).

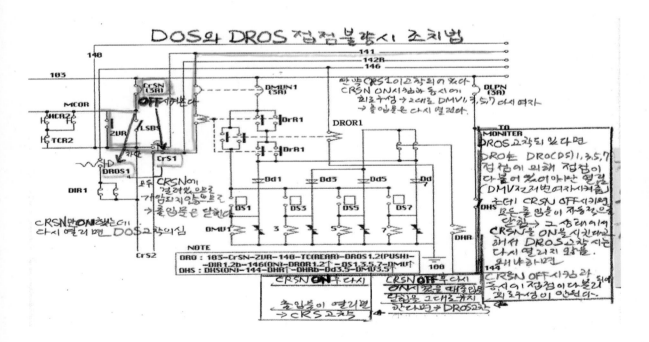

(CRS고착 시 기교체(입고)역까지 차량회송을 원칙) (CRS가 고착되었으므로 차장이 "출입문 닫습니다""출입문 닫습니다" 방송 후 CRSN(회로차단기)를OFF시키는 것이다) 그 상태로 출발하여 정차역에 도착했을 때는 CRSN을 ON시킴으로써 출입문이 열리게 된다.

4. DROS(스위치) 고착시

- CRS(DOS) ON → CRS(DOS) OFF → CRNS OFF → CRNS ON

  CRS(DOS) ON (출입문 일단 연다) → CRS(DOS) OFF(정상상태에서는 닫혀야 하는데, DROS가 고착이 되어 있어서 닫히지 않는다) 후 → CRSN OFF하여(OFF시키면 전체 출입문 닫힌다)

- CRSN ON 시켜주면(출입문 닫힌 상태에서 그대로 출발하고 다음 정차역에 도착하여 "출입문 열립니다"라고 하고 다시 CRSN ON취급하여 출입문을 열어준다.

(2) 출입문 반감 취급(DHS: Door Half Switch)(동절기 정차 시 반만 열림)

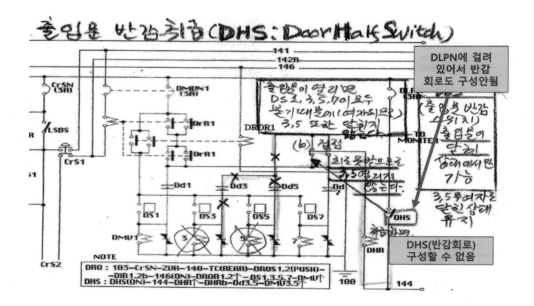

[과천선 차량 출입문 관련 회로차단기차단 시 현상] (중요: 꼭 이해)

(1) DILPN(Door Indicator Lamp: 발차지시등)트립시

가. 전부DILPN트립시: 운전실 출입문등(DOOR등) 소등

나. 후부 DILPN트립시: 운전실 출입문등(DOOR등) 소등, 역행불능(DIR1,2 무여자, 여자시켜 주지 못함)

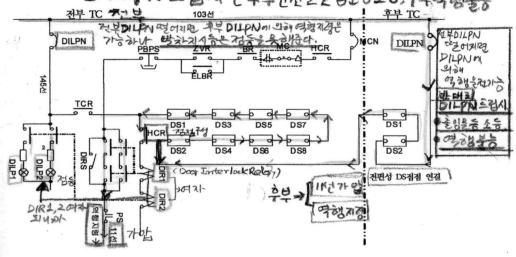

(2) DLPN (Door Lamp)트립시

　가. 모니터(TGIS)에 출입문 열림 상태 표시 불능 (DLPN통해서 TGIS에 현시해주나 DLPN트립시 현시 및 차측 적색등 점등 불가능)

　나. 해당차량 출입문 차측 적색등 점등 불능

　다. TC차의 경우 전체 반감 불능(DLPN(도어램프차단회로기)에 걸려 있으므로 반감회로 구성 안 됨)

다음 중 과천선 VVVF 전기동차 TC차 DILPN 차단 시 현상이 아닌 것은?

가. 해당 TC차 DILP 점등 불능

나. 해당 차에서 출입문 반감스위치 취급 불능

다. TGIS 모니터에 전체 출입문 열림 상태 불능

라. 해당 TC차 출입문 차측등 점등 불능

TC차 DILPN 차단 시 TGIS 모니터에 전체 출입문 열림상태 불능은 현시되지 않는다.

[DILPN 차단시 현상]

• 모니터에 출입문 열림상태 표시 불능

• 해당차량 출입문 차측적색등 점등 불능

- TC차의 경우 전체 반감 불능
- 해당 차에서 출입문 반감스위치 취급 불능

[예제] 다음 중 과천선 VVVF 전기동차 CRS(DOS)로 출입문 개방할 수 있는 조건이 아닌 것은?

가. LSR 여자 시

나. BC 핸들 취거시

다. LSBS 취급 시

라. 역전핸들 OFF 시

* LSBS(Low Speed By-Pass Switch: 저속도 바이패스 스위치)

[해설] 과천선 VVVF CRS 출입문 개방 조건은 "ZVR 여자 시(5Km/h 이하), LSBS취급시, BC핸들 취거시, 역전핸들(전후진제어기) OFF시"이다.

[예제] 다음 중 과천선 VVVF 전기동차에 관한 설명으로 맞는 것은?

가. ZVR 소자 시 동력운전이 불가능하다.

나. 후부 주차제동체결 시 동력운전이 불가능하다.

다. MR압력 6.0Kg/cm² 이하로 비상제동체결 시 EBCOS 취급하면 비상제동이 풀리고 동력운전이 가능하다.

라. 후부 TC차 PLPN 차단 시 POWER등 점등불능이나 동력운전과는 무관하다.

[해설] 가. ZVR은 과천선 VVVF차량 CrS(DOS)로 출입문을 개방할 수 있는 조건이다.

나. 주차제동스위치는 "주차위치"에서는 주차제동통의 압력을 스위치 배기구를 통하여 대기로 배출시키며, "완해위치에서는" 주공기관의 압력공기를 주차제동통으로 공급 작용을 한다.

다. MR압력 6.0Kg/cm² 이하게 될 경우 "주차제동공기압력스위치" 취급

[예제] 다음 중 과천선 VVVF 전기동차의 출입문 장치에 관한 설명으로 틀린 것은?

가. CRSN 차단 시 전체 출입문이 열리지 않는다.

나. DILPN 차단 시 모니터에 해당차량출입문 열림상태표시가 불능된다.

다. 후부 DILPN 차단 시 DOOR등은 소등되고 역행은 불능된다.

라. DIRS는 ZVR 고장 등으로 출입문이 열리지 않을 경우 취급한다.

(1) 출입문비연동스위치(DRIS)는

→ 출입문 연동 계전기(DIR1, DIR2)가 동작하지 않을 때 사용

→ 취급 시 출입문 열림상태에서 역행이 가능

(2) DIRS 취급시

→ DIR1, DIR2의 동작에 관계없이 전원을 공급받아 기동할 수 있는 회로를 구성

→ ZVR 고장으로 출입문이 열리지 않을 경우 취급 스위치는 LSBS이다.

(3) CRSN(Crew Switch 회로차단기) 트립시(제일 기본이 되는 회로)

전체 출입문 열림 불능

(4) DMVN1,2 (Door Magnet Valve회로차단기) 트립시

DMVN1,2는 모든 차량에 다 있다. 일반적으로 CRSN을 통해서 전체출입문 열림취급을 하면 전자변이 여자되면서 출입문이 열린다.

▶ 해당차량1량 출입문 열림 불능(DMVN1은 모든 차량에 다 있으므로)

－ CRSN은 전후부운전실에만 있다. 트립이되면 CRS제어 자체가 되지 않는다.

－ 그러나 DMVN1만 트립이 된다고 하면(CRS는 제어가 되어 141번을 가압) DMVN1은 각 차량에 모두 다 구비되어 있기 때문에 DMVN1 해당되는 출입문만 안 열리는 것이다.

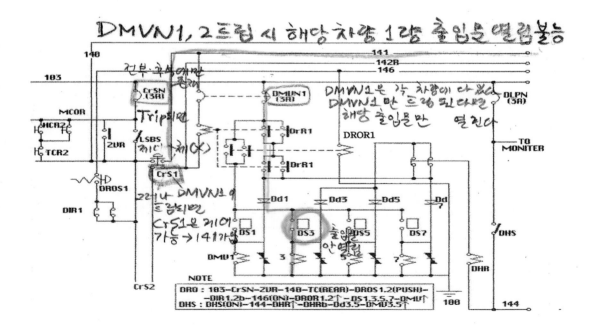

다음 중 과천선 VVVF 전기동차 교류구간 운행에 관한 설명으로 틀린 것은?

가. SIV 중고장으로 연장급전시 해당 유니트객실등은 반감된다.

나. 후부 TC차 DILPN 차단 시 Door등 점등불능및 동력운전불능되나 후부차DIRS 취급하면 동력운전은 가능하다.

다. 운행 중 C/I 고장으로 주회로차단 시 해당 유니트 객실등은 DC등 8개만 점등된다.

라. AMCN 차단 시 해당유니트SIV가 정지된다.

해설 (1) 전부 DILPN 트립시 운전실DOOR등 은 "소등되고",
      (2) 후부 DIILPN 트립시 에는 DOOR등 "소등"되고 역행이 불가능하다.

예제 다음 중 과천선 VVVF 전기동차에 관한 설명으로 틀린 것은?

가. DILPN 차단 시 해당차 출입문 차측등점등 불능되며 모니터에 출입문 닫힘 상태만 표시된다.

나. DMVN 차단된 상태에서 DHS 취급 시 해당차출입문이 반감되지 않는다.

다. CrS고착 시 차량회송하는 것을 원칙으로 한다. 다만, 정상쪽 방향의 승강장이 있을 경우에 한해서 출입문 취급은 CRSN을 ON, OFF하여 출입문을 취급한다.

라. 운행 중 전부운전실CRSN 차단 시 전 차량 출입문 개문이 불능된다.

해설 CrS(DOS) 고착 시에는 차량을 회송하는 것을 원칙으로 하고 있다. 입고(기교체)역까지 CrS(DOS)가 고착된 쪽 방향의 승강장이 있을 경우에 한해서 출입문 취급은 CRSN ON, OFF를 하여 출입문을 취급한다.

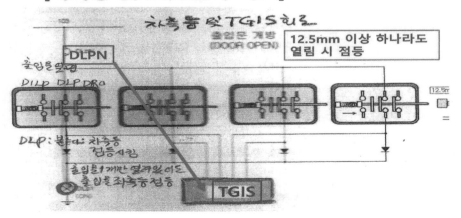

[차측등 및 TGIS현시 회로]

[과천선 VVVF차량 LSBS 및 DIRS]

(ZVR고장 시 LSBS취급하고, 출입문 열림)

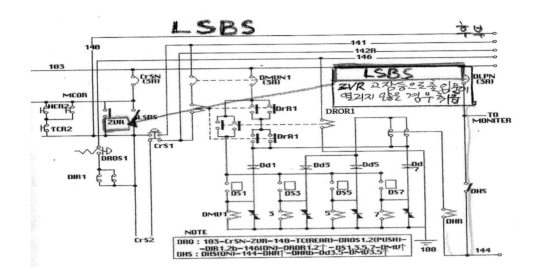

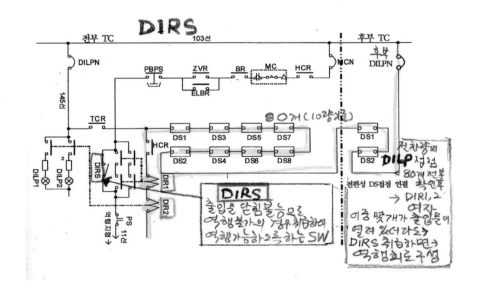

다음 중 과천선 VVVF 전기동차의 출입문 장치에 관한 설명으로 틀린 것은?

가. CRSN 차단 시 전체 출입문이 열리지 않는다.

나. DLPN 차단 시 모니터에 해당차량 출입문 열림상태 표시가 불능된다.

다. 후부 DILPN 차단 시 DOOR등은 소등되고 역행은 불능된다.

라. DIRS는 ZVR 고장 등으로 출입문이 열리지 않을 경우 취급한다.

해설 – 출입문비연동스위치(DIRS)는
   → 출입문 연동 계전기(DIR1, DIR2)가 동작하지 않을 때 사용
   → 취급 시 출입문 열림상타에서 역행이 가능
  – DIRS 취급시
   → DIR1, DIR2의 동작에 관계없이 전원을 공급받아 기동할 수 있는 회로를 구성 스위치
   → ZVR 고장으로 출입문이 열리지 않을 경우 취급 스위치는 LSBS이다.

예제 다음 중 과천선VVVF 전기동차의 저압장치 중 제어전원의 전압이 다른 것은?

가. 행선표시장치   나. 객실 AC 형광등

다. 차내안내표시장치   라. 열차번호 표시장치

해설 (1) AC 220V 사용(AC 220V 60Hz)
   → 객실등, 열차번호 표시장치, 행선표시장치(정면 및 측면 자막식),
  (2) DC100V 사용
   → 차내안내표시장치, 방송 및 승무원 연락장치, Melody Horn(전자기적)

제2절 저압보조회로

① 저압 보조 및 부속회로는 정지형 인버터(SIV)의 교류 3상 440V 60Hz(4호선 차량은 380V)의 출력을 받아

② 보조변압기에서 강압된 AC100V/220V 60Hz의 전원과 정류장치를 통한

③ DC100V(SIV정지 시에는 축전지)를 전원으로 한다.

1. DC 충전회로 및 축전지

1) DC 충전회로

- SIV 내의 변압기함에서 정류된 DC100V 전원이 191선-BCN-103선에 가압하고 BatN2를 거쳐 축전기에 충전한다.

2) 축전지

- SIV로부터 전원을 공급받고, SIV 작동 불능시에는 103선 전원을 축전지에 공급한다.
- 축전지 → 만충전시 전압은 84V이며 74V 미만으로 방전시에는 전기동차 기동이 되지 않는다.

예제 다음 중 4호선 VVVF 전기동차에 관한 설명으로 틀린 것은?

가. 객실등은 운행 중 단전으로 120초 경과 시 비상등 4개만 점등된다.

나. 운행 중 2개 SIV 고장으로 연장급전시 냉난방을 차단하고 각 차량 객실비상등이 4개만 점등된다.

다. 객실등은 모두 DC100V 형광등이며 TC차는 22개, M차 및 T차는 24개가 있다.

라. 전조등 좌우 2개로 DC100V와 AC220V 전원을 사용한다.

해설 전조등은 좌우 2개가 있으며 우측은 "HLP1(DC100V)이고, 좌측은 HLP2(AC100V, 165W, 55W)" 이다.

2. 등 회로

(1) 전조등 및 후부표지등

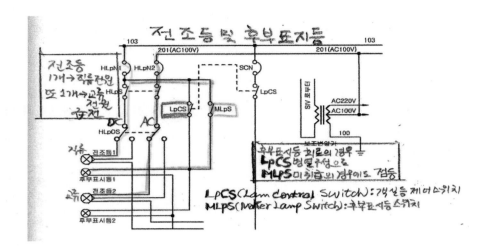

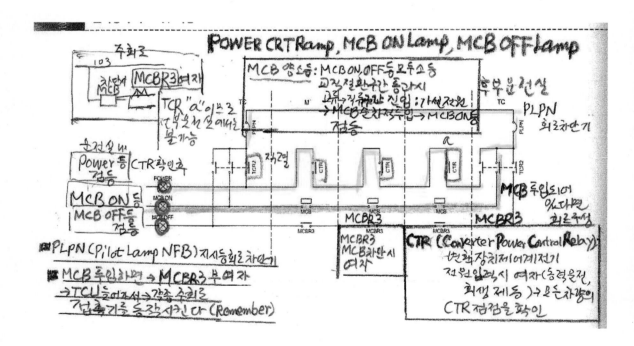

3. 객실등

- 객실등: 교류 220V(TC:14개, M:16개), 직류 100V 8개
- (서울교통공사: 직류100V로만 구성)

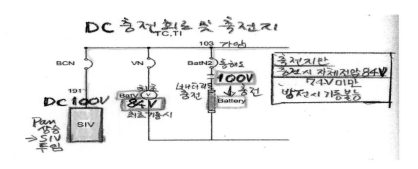

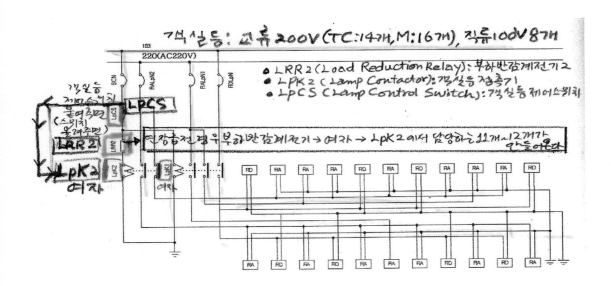

4. 기타 저압장치

(1) 비상 시 열차무선, 조명, 차내방송회로(중요!)

- 지하구간 및 야간의 경우에 차량고장 등으로(뒤에 승객은 타고 있는데 객실의 램프가 다 꺼지고 승객들이 불안감을 느끼게 됨)
- 103선 전원 불통의 경우에도 승객의 안전을 최대한 보장하고 상황을 안내하며, 승객을 통제하기 위한 비상회로 설치

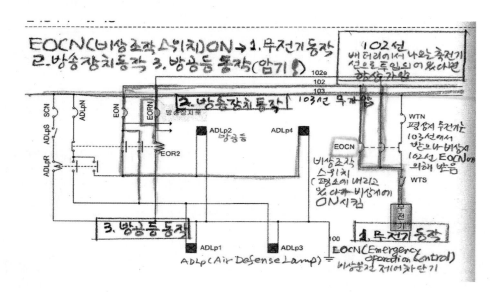

[과천선 장시간 단전시 ECON 투입 시 동작하는 기기]

① 객실방송장치

② 운전실 무전기

③ 방공등

예제 다음 중 과천선 VVVF 전기동차에서 사용되는 전원의 종류가 다른 것은?

가. 차내안내 표시장치   나. 방송 및 승무원 연락장치

다. 행선표시장치   라. 전자기적(MELODY HORN)

해설 [AC220V 60Hz 사용]
- 열차번호 표시장치

- 행선표시장치(정면 및 측면 자막식)[DC100V 사용]
- 차내안내 표시장치
- 방송 및 승무원 연락장치

5. 표시등 회로(운전실 내): 동작지시등, 고장지시등 및 고장내용표시

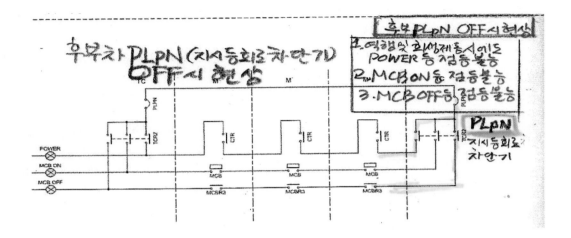

6. Fault등 점등, HSCB등점등 시 백색 차측등 점등(암기!!)

HSCB(High Speed Circuit Breaker):고속도 차단기

[점등조건]

(1) TC차

- SIV고장 → SIVFR여자

  SIV Fault Relay: SIV고장계전기

- CM(공기압축기)고장 → CMFR여자(EOCR여자)

  CMFR(CM Fault Relay) SIV고장계전기

  EOCR(Emergency Operation Control Relay): 비상 조작스위치

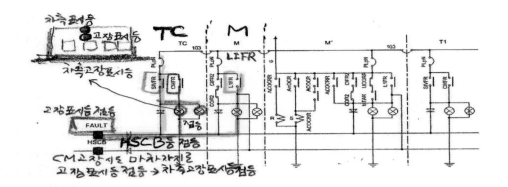

(2) M차

- C/I (주변환기)고장 → CIFR여자

- L1(고속도차단기)트립(차단 시)→ 1600A 이상의 과전류 또는 GTO ARM단락 → L1FR여자

- HSCB등 점등(L1:Line Breaker: L1 차단기)

(3) M'차

- ACOCR, ArrOCR→ ACOCRR여자 → 고장표시등 점등

  ACOCR(ACOver Current Relay): 교류과전류계전기

  ArrOCR(Arrester Over Current Relay): 직류모진보조계전기

  ACOCAR(ACOver Current Aux. Relay): 교류과전류보조계전기

- C/I(주변환기)고장 → CIFR여자 → 고장표시등 점등

  (Con./Inv. Fault Relay: 주변환장치고장계전기)

- L1트립(차단)→ 1600A 이상의 과전류 또는 → GTO ARM 단락(이때에는 HSCB점등됨)

  → L1FR여자 → 고장표시등점등

  (L1:Line Breaker: L1FR: 고장계전기)

- C/I(주변압기)고장 → MTAR여자 → Fault등(차측 백색등 점등)

  (Main Transformer Aux. Relay: 주변압기보조계전기)

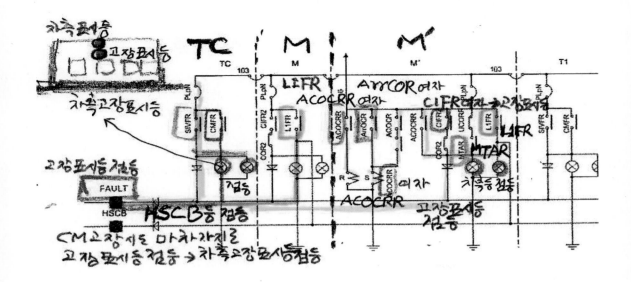

7. VCOS(차량차단스위치:Vehicle Cut-Out Switch)취급 관련

8. VCO Lamp

- C/I고장으로 CIFR여자시 VCOS를 취급하면
- 점등하며 M 또는 M′차의 차단을 표시한다.

[과천선 VVVF VCOS 취급 시기] [MBC!!!기억]

① CIFR 여자 시

- 주변환기(C/I)에 문제가 생겼을 때(CIFR: CI Fault Relay)

② BMFR 여자 시

BMFR(Blower Motor Fault Relay: 주변환장치 송풍기고장계전기)

- 주변환기는 하는 일이 많아 송풍기로 수시로 식혀 주어야 함

③ MTAR(주변압기보조계전기) 여자 시

- 문제발생 시 차량을 차단시켜 준다.

[과천선 VVVF VCOS 취급 후 현상]

① CIFR, BMFR 여자 시 VCOS 취급하면 FAULT등 소등, VCO등 점등

　　(1차량에만)

② MTAR여자 시 VCOS 취급하면 FAULT 등 소등, UCO등 점등

　　(UCO: Unit Cut—Out)

　　M′차의 MT는 M′차 자체에 주변환기 전원을 제공하지만 M차에도 동시에 주변환기(C/I) 전원 공급 역할을 해주어야 하므로 두 차량을 하나의 Unit으로 보아야 한다.

　　M′차의 MT에 문제가 생기면 M′, M차 2차량이 모두 피해를 보게 된다.

예제　　다음 중 과천선 VVVF차량 VCOS 취급 후 현상으로 맞는 것은?

가. MTAR 여자시 VCOS 취급하면 FAULT등 소등, UCO등 소등된다.

나. CIFR, BMFR 여자시 VCOS 취급하면 FAULT등 소등, VCO등 소등된다.

다. 고장차량의 경우 L3, L2 투입불능 및 AK, K가 개방된다.

라. 고장나지 않고 정지된 차량의 경우 MCB가 차단된다.

해설　　가. MTAR 여자시 VCOS 취급하면 FAULT등 "소등", UCO등 "점등"

　　　　　나. CIFR, BMFR 여자시 VCOS 취급하면 FAULT등 "소등", VCO "점등"

　　　　　라. 고장나지 않고 정차된 차량의 경우 "MCB 재투입"

예제　　다음 중 과천선 VVVF 전기동차에 VCOS 취급시기가 아닌 것은?

가. BMFR 여자시　　　　　　　　나. CIFR 여자시

다. MCBOR 여자시　　　　　　　라. MTAR 여자시

해설　　VCOS 취급시기

　　　　　"CIFR 여자시, BMFR 여자 시, MTAR 여자 시"

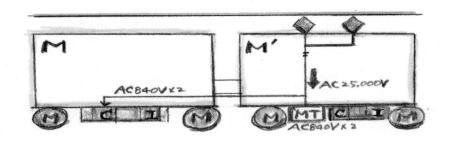

9. SqLp Lamp(Sequence Lamp Test(회로시험등))

    – 시퀀스 램프는 회로가 적절히 잘 구성되어 있는지, 회로에 문제가 없는지를 Test하는 기능

[과천선 VVVF TEST 취급 시 현상]

① MCB 투입 중 TEST 스위치 취급 시에는 현상 없음

    MCB투입 중이라면 아무 현상도 나타나지 않음

② MCB 차단 후TEST 스위치 취급 시에는 MCB 재투입불능 및 SqLP등은 점등 불능

    MCB 차단 후 TEST 스위치 취급 시에는 SqLP등이 점등, 그 상태에서는 MCB 투입이 안 된다.

③ 최초기동시 MCB 전체 투입 불능 원인

    – TEST스위치가 눌러져 있으면 MCB투입 안 됨
    – 후부 SqLP OFF 시 TEST 스위치 취급하여도 SqLP등은 점등 불능(전부에서만 가능하다)

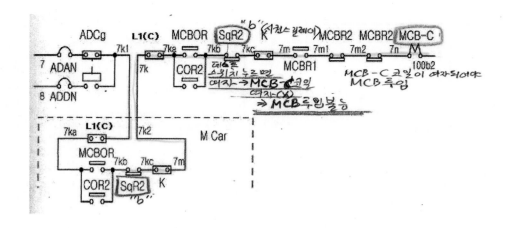

10. CRLp Lamp(CRLp(Compulsory Release Indicating Lamp): 강제 완해표시등)

(1) 운전실의 CpRS(강제완해스위치)스위치를 누르면
- CpRS는 열차가 출발 시 제동을 풀었는데 제동이 안 빠진다. 제동이 다 빠져야 역행회로 구성되어 차가 앞으로 나아갈 것인데, 일부 차량에서 제동통에 제동 공기가 아직 남아 있다.
- 그럼 출발을 못 하니까, 그때 강제완해스위치를 취하면 제동통에 공기를 강제로 빼주는 역할을 한다.

(2) TC차 103 - CpRN- 294a - CpRS -294 - CRLpRe-294b - CRLp점등 - 100k8
- BOU의 PEC−CRV 동작에 의해 제동완해가 된다.
- BOU(Braking Operating Unit: 제동작용장치)
- PEC(Pneumatic Electric Converter: 공전변환기)
- CRV(Compulsory Release Magnet Valve: 강제완해전자변)

11. SIV Lamp

3개의 SIV 중 1개의 SIV라도 기동되면 점등

다음 중 과천선 VVVF 전기동차에 관한 설명으로 맞는 것은?

가. ZVR 소자 시 동력운전이 불가능하다.

나. 후부 주차제동 체결 시 동력운전이 불가능하다.

다. MR압력 6.0Kg/cm² 이하로 비상제동체결 시 EBCOS 취급하면 비상제동이 풀리고 동력운전이 가능하다.

라. 후부 TC차 PLPN 차단 시 POWER등 점등불능이나 동력운전과는 무관하다.

* EBCOS(Emergency Brake Cut-Out Switch: 비상제동차단스위치)

가. ZVR은 과천선 VVVF차량 CrS(DOS)로 출입문을 개방할 수 있는 조건이다.

나. 주차제동스위치는 "주차위치에서는" 주차제동통의 압력을 배기구를 통하여 대기로 배출시키며, "완해위치에서는" 주공기관의 압력공기를 주차제동통으로 공급 작용을 한다.

다. MR압력 6.0Kg/cm² 이하게 될 경우 "주차제동공기압력스위치" 취급

다음 중 과천선 VVVF 전기동차의 출입문 장치에 관한 설명으로 틀린 것은?

가. CRSN 차단 시 전체 출입문이 열리지 않는다.

나. DILPN 차단 시 모니터에 해당차 량출입문 열림 상태표시가 불능된다.

다. 후부 DILPN 차단 시 DOOR등은 소등되고 역행은 불능된다.

라. DIRS는 ZVR 고장 등으로 출입문이 열리지 않을 경우 취급한다.

(1) 출입문비연동스위치(DRIS)는

→ 출입문 연동 계전기(DIR1, DRI2)가 동작하지 않을 때 사용

→ 취급 시 출입문 열림 상태에서 역행이 가능

(2) DIRS 취급시

→ DIR1, DIR2의 동작에 관계없이 전원을 공급받아 기동할 수 있는 회로를 구성 스위치

→ ZVR 고장으로 출입문이 열리지 않을 경우 취급 스위치는 LSBS이다.

* LSBS(Low Speed By-Pass Switch: 저속도 바이패스 스위치)

다음 중 과천선 VVVF 전기동차에 관한 설명으로 맞는 것은?

가. T1차에는 고장표시등과 관련된 기기들이 없다.

나. 후부 CrSN차단 시 전부운전실에서 출입문 취급이 불능하다.

다. 후부 PLPN 차단 시 MCB 양소등이다.

라. 운행 중 전부 SIV 정지 시 축전지 전압계는 84V를 현시한다.

해설 가. T1차에 고장표시등과 관련된 기기들이 있다.

나. CrS(DOS)는 DROS 고착 시 쓰는 출입문 취급 방법이다.

라. 운행 중 전부 SIV 정지 시 모니터에 SIV정지 혹은 SIV통신이상이라 현시(Fault등 점등 되지 않음)

예제 다음 중 과천선VVVF차량 역행 불능일 때 확인 사항이 아닌 것은?

가. 전체 출입문의 완전 폐문 여부   나. 회로차단기MCN, HCRN 투입 여부

다. 전부운전실 주차제동완해 위치 여부   **라. CPRS(강제 완해스위치) 취급 여부**

해설 [과천선 VVVF차량 역행 불능 상태 확인사항]

① 전, 후진제어기 전, 후진 위치 확인

② MCB 투입 및 DOOR등 점등 확인

③ 제동제어기 완해위치에서 2~3초 간 역행 취급

④ ATS, ATC 관련회로차단기 확인

⑤ ATSCOS 취급(ATS, ATC 포함)

⑥ 후부운전실에서 취급 (1량 역행 불능 시 구동차CN1, CN3 확인)

* ATSCOS(ATS Cut-Out Switch: ATS차단스위치)

예제 다음 중 과천선 VVVF 전기동차에서 AC220V를 사용하는 기기가 아닌 것은?

가. 전자기적   나. 열차번호 표지장치

다. 행선표시장치   라. 객실등

해설 – 전자기적의 사용전압은 DC110V이다.

– AC 220V 사용 (AC 220V 60Hz) → 객실등, 열차번호 표시장치, 행선표시장치(정면 및 측면 자막식)

예제 다음 과천선 VVVF 전기동차에 관한 설명으로 틀린 것은?

가. 열차번호 표시장치의 전원은 DC100V이다.

나. EOCN 취급 시 객실방송장치, 무전기, 방공등을 동작시킬 수 있다.

다. 축전지 만충전시 전압은 84V이며 74V미만으로 방전 시 전동차가 기동되지 않는다.

라. 객실등은 교류용(RALP), 직류용(RDLP)가 있으며 교류용 객실등은 TC차 14개, M, M′ 차 16개가
설치되어 있다.

* EOCN(Emergency Operation Control NFB: 비상운전제어회로차단기)

해설 – 과천선 VVVF차량의 열차번호 표시장치의전원은 AC220V 60Hz이다.

(1) AC 220V 사용(AC 220V 60Hz)

→ 객실등, 열차번호 표시장치, 행선표시장치(정면 및 측면 자막식),

(2) DC100V 사용

→ 차내안내표시장치, 방송 및 승무원 연락장치, Melody Horn(전자기적)

예제 다음 중 과천선 출입문 장치에 관한 설명으로 틀린 것은?

가. 전부 DILPN 차단 시 DOOR등은 소등되지만 역행은 가능하다.

나. 후부 DILPN 차단 시 DOOR등은 소등되고 역행이 불가능하다.

다. DLPN 차단 시 모니터에 해당차량출입문 열림상태표시가 불능된다.

라. 출입문이 닫히지 않아 역행이 불가능할 때 DIRS 차단하여 역행을 가능토록 한다.

해설 DIRS는 출입문개폐제어회로나 기계적 또는 계전기등의 고장으로 출입문연동계전기(DIR1, DIR2)가 동작
불능일 때 사용

– DIRS를 투입하면 출입문이 개방된 상태에서도 역행 가능

예제 다음 중 과천선 VVVF 전기동차의 VCOS 취급시기로 적절하지 않은 것은?

가. CIFR 여자 시   나. BMFR 여자 시

다. CMFR 여자 시   라. MTAR 여자 시

해설 –과천선 VCOS 취급시기

"CIFR 여자시, BMFR 여자 시, MTAR 여자 시"

예제 다음 중 과천선 VVVF 전기동차에 관한 설명으로 틀린 것은?

가. 직류구간에서 가선전압인 1,650V 이하인 경우 감속도 일정제어를 수행한다.

나. 직류구간에서 교류구간 진입 전 M차 L1FR 여자 시 즉시 EPanDS를 취급한다.

다. MTAR 여자 시 VCOS를 취급하면 Fault등이 소등되고 UCO등이 점등되며 MCB는 재투입된다.

라. 절연구간통과시 OVCRf가 동작하는 것은 차단하기 위해 ELBCOS를 취급한다.

* ELBCOS(Electric Brake Cut-Out Switch: 전기제동차단스위치)

해설 [MTAR 여자 시 VCOS 취급시 현상]
- FAULT등 "소등", UCO등 "점등" 된다.

예제 다음 중 과천선 VVVF차량 연장급전 후 현상으로 틀린 것은?

가. 연장급전 후의 객실에는 DC100V 형광등의 반감이 이루어진다.

나. 전체 냉방이 반감된다.

다. SIVFR 여자 시는 ESPS 취급하면 고장차량 IVCN이 차단되어 연장급전이 이루어진다.

라. 고장 유니트의 견인전동기 출력이 정상으로 된다.

해설 [연장급전 후]
(1) LPK2접촉기 무여자로 객실등(220V 형광등)이 반감된다.
(2) 단전 시 예비등의 역할을 위해 DC100V 형광등이 설치되어 있다.

예제 다음 중 과천선VVVF 전기동차에 관한 설명으로 틀린 것은?

가. BC핸들 취거시에도 출입문 취급이 가능하다.

나. 축전지 만충전시 전압은 84V이며, 74V 미만으로 방전 시 전동차는 기동이 불능된다.

다. 장시간 단전으로 103선 무가압조치 후 EOCN 투입하면 승무원 연락부저 사용이 가능하다.

라. 차내안내표시 장치의 사용전압은 DC100V이다.

해설 장시간 단전시 103선 무가압조치 후 EOCN 투입하면 "열차무전기" 사용이 가능하다.

예제 다음 중 과천선 VVVF 전기동차에 관한 설명으로 맞는 것은?

가. 교류구간에서 M차 C/I 고장 시 K, L2, L3가 차단된다.

나. 단류기함에는 충전저항기, L1, L2, L3, FL이 취부되어 있다.

다. 직류구간에서 C/I내 GTO Arm 단락 시 MCBOS 취급 시 L1이 차단된다.

라. 비상제동 체결 시 EBR1이 소자하여 회생제동을 차단한다.

해설 가. M′차 고장시 K, L2, L3 개방 및 Fault등 점등
나. CHRe, L1(HSCB), L2, L3, L1R, L2R, L3R, L1RR, L1FR은 단류함 앞면, L1, TU는 단류함 뒷면에 있다.
다. DC구간 C/I내 GTL Arm단락 시 고속도 차단기 L1를 트립하여 해당 유니트 차단

제3장

저압보조장치 핵심주제 요약

제1절 **4호선 저압보조장치**

1. 4호선 출입문장치 관련 기기 및 고장 시 조치

1) 출입문 기기

(1) CR(5kg/cm^2)

압력공기 사용, 1개의 전자변으로 출입문 ON/OFF(도어엔진과 일체형 전자변),

(2) DIR(Door Interlook Relay: 출입문 연통계전기)

7.5mm 이하 폐문 시 DILP(도어등)과 ILP(계기등) 점등하고 역행가능

(3) DLP(Door Lamp: 출입문 차측표시등)

12.5mm이상 개문시 차측등 점등, TGIS에 개폐 정보 전송

(4) DRO(Door Re-Open Switrch: 출입문 재개폐 스위치)

12.5mm이상 개문시 재개폐

(5) DIRS(Door Interlock Relay Switch: 출입문 연동계전기 스위치)

DIR불량시, 후부DILN Trip시 출입문 비연동취급(DIRS)

(6) DHS(Door Half Switch: 출입문 반감 스위치)

　폐문상태에서 취급(1.7 또는 2.4위 개방)

(7) LSRS(Low Speed Relay Switch: 저속도 계전기 스위치)

　출입문보안장치로 3km/h 이하시 LSR여자로 출입문개방

(8) CrSN(NFB for "CrS": 출입문스위치회로차단기)

　후부 CrSN에서 출입문제어

(9) DILN(NFB for Door Indicator Lamp: 발차지시등회로차단기)

　◑전부Trip시 도어등과 계기등 점등불능이나 역행가능

　◑후부Trip시 도어등과 계기등 점등불능이고 역행불능

2) 고장 시

(1) 전량 개방불능 시

　CrSN, LSRN(4호선)

　* LSRN(NFB for "Low Speed Relay": 저속도계전기 회로차단기)

(2) 전량개방불능 시

　CrSN, BVN, ATCN(과천선)

　* BVN(NFB for "Brake Control": 제동변 회로 차단기)

(3) DrR1연동차단 시

　DMV소자(4호선, 과천선 동일)

　* DMV(Door Magnet Valve: 출입문 전자변)

　* DrR(Door Relay: 출입문 계전기)

(4) 4호선 LSRN차단시

　전원등 소등, 출입문 개방불능(전부 LSRS 취급하면 보안기능 상실)

2. 점등회로

(1) 후부표시등

MLP1(DC100v) MLP2(AC100v) ⇒ LPK3

* MLP(Marker Lamp: 후부표시등)
* LPK(Lamp Contactor: 객실등 접촉기)

(2) 전조등

HLP1(DC100v) HLP2(AC100v 165w/55w)

* HLP(Head Lamp: 전조등)

(3) 방공등

ADLPN−DC100v 30w 4개 ⇒ LPK1. LPK2소자시점등

* ADLPN(Air Depence Lamp NFB: 방공등 회로차단기)

[절연구간 통과시]

※ 열차가 절연구간 통과하거나 순간 단전시 RHLPK 소자하여 객실등 반감 단전시간 2분 이상
지속시 SCN−Trip시켜 비상등 4개만 점등

* RHLPK(Room Heater Lamp Contactor: 객실히터램프 접촉기)
* SCN(NFB for Service Contral: 객실부하제어회로 차단기)

[객실등 반감]

① RHLPK소자(순간단전, 사구간)
② LPCS2−off
③ LRR2여자(연장급전)

* LPCS(Lamp Control Switch: 객실등 제어스위치)

[비상등 4개만 점등]

SCN차단되면 LPK1.2가 소자되어 LPK3에 의해 점등되는 비상등 4개를 제외한 모든 객실등 소등

[객실등 전체소등]

RDLPN1.2 차단되면 객실등 모두 소등

* RDLPN(NFB for "RDLP": 객실DC등 회로차단기)

(4) 운전실표시등

(가) Power등

역행(LSWR / K1R)과 제동(CDR: 100A)시 점등

    * CDR(Current Detector Relay: 제동전류감지계전기)

(나) THFL(Train Heavy Fault Relay: 중고장표시등)

    ① OPR: 직류구간HB고장조건+교류구간 MCBOR1 여자조건

    ② MCBOR1: 교류구간 컨버터 2500A 이상

    ③ MCBOR2 (AFR소자): 교류구간ACOCR동작, GR동작, AGR동작, ArrOCR동작, MTOMR여자

    * OPR(Open Relay: 개방계전기)

(다) ASF(Aux. Supply Fault: 보조회로고장)

SIVMFR(SIV Major Fault Relay: SIV중고장계전기)

    ① SIV자체고장(회로단락, 과전류, 과온, 제어계통 고장)

    ② 휴즈용손

(라) CIIL(Catenary Interrupt Indicating Lamp: 가선정전 표시등)

5직렬이므로 교직절연구간에서 5번점소등(ACVR, DCVR, Pan, MCB, 단전 확인)

(마) VCOL(Vehicle Cut-Out Lamp: 차량 차단 표시등)

OPR동작, , MCBOR2동작시 VCOS취급

3. TGIS

    - 스크린+부져+운전모드

    - 20초 초기화 후 운전1모드

    - 고장 시 0.2초 단속음으로 5초간 경고 후 고장정보 현시하고 고장회복 시 자동소거

1. 출입문 장치

1) 출입문 특징
- 1300mm×1860mm규격
- ON−OFF 일체형(신형)과 ON−OFF분리형(구형)
- 5kg/cm²(CR)

2) 출입문 개방조건
① ZVR여자시(5km/h이하)

② LSBS취급시

③ BC핸들취거시

④ 역전기off시

◑ DILR: 7.5mm 이하시 DILP(도어등)과 ILP(계기등) 점등하고 역행가능

◑ LSBS: 출입문 보안장치로 5km/h 이하 시 ZVR여자로 출입문 개방

3) CrS(DOS)고착 시
◑ CrSNoff → 출입문 닫힘 → CrSN복귀 → 출입문 다시 열림

⇒ 기교체 역까지 회송이 원칙이나 CrS(DOS) 고착 쪽 승강장 출입문 취급시

① CrSNon/off로 출입문 취급

② 기교체역 회송

4) DROS고착 시
◑ CrSNoff → 출입문 닫힘 → CrSN복귀 → 출입문 다시 안 열림

⇒ DROS고착시 열림상태에서 닫힘 불능이므로

① CrS(DOS)on

② CrS(DOS)off 후

③ CrSNoff취급하여 출입문 취급 운행

④ 기교체역 회송

5) DILPN차단 시
① 모니터 출입문 열림상태 표시 불능
② 해당차량 출입문 차측 적색등 점등 불능
③ Tc차량은 전체반감 불능

6) 전량개방 불능 시
전부CrSN, BVN, ATCN, MCN차단

2. 저압보조회로

1) 충전회로
◑ SIV → BCN(BCHN) → BatN2 → 축전지충전(DC74~84v ⇒ DC100v)

2) 객실등
RALPN2(11/12), RALPN1(3/4), RDLPN(8)

3) 열차무선
◑ EOCN(IRMN2)－무전기, 방공등, 방송장치 ⇒ 1Unit 이상 Tc차량이나 T1차량의 BatN1투입(102선)

* EOCN(Emergency Operation Control NFB: 비상운전 제어회로 차단기)

4) 차내표시등과 열차번호등 전압
(1) 차내표시: DC100v
(2) 전자기적: DC100v
(3) 열차번호: AC220v
(4) 행선표시: AC220v

5) 운전실표시등

(1) ACVLamp, DCVLamp

절연구간 통과 시 둘 다 점등, 단전이나 Panto하강 시 둘 다 소등

(2) PowerCRT, MCB off, MCB on

후부PLPNoff 시 역행, 제동 시 Power점등불능, MCB on등 점등불능, MCB off등 점등불능

⇒ MCB on/off등은 3개 직렬연결

(3) Fault

(가) Fault(Tc): SIVFR여자, CMFR여자

(나) Fault(M): CIFR여자, L1FR여자(L1트립−1600A, 암 단락)

(다) Fault(M′): ACOCR여자, ArrOCR여자, ACOCR여자, MTAR여자, CIFR여자, L1FR여자(L1트립−1600A, 암 단락)

* CIFR(Con/Inv Fault Relay: 주변환 장치 고장계전기)
* L1FR(L1 Fault Relay: L1고장계전기)

(4) UCOLamp와 VCOL Lamp

* UCOLP(Unit Cut-Out Lamp: 유니트 차단 지시등)

(가) UCOLamp

◑ MTAR여자 → VCOS → MCB차단 → UCO점등, 차측등 점등

* MTAR(MT Aux. Relay: 주변압기 보조계전기)

(나) VCOLamp

◑ CIFR여자, BMFR여자 → VCOS → MCB차단 → VCO점등, 차측등 점등(VRS로 VCOS복귀)

* BMFR(Blow Motor Fault Relay for Con/Inv: 주변환장치 전동선풍기 고장계전기)

(5) SqLP(Seguence Test Lamp: 회로시험등)

[SqLP: Test s/w취급]

① MCB on시 무현상

② MCB off시 MCB재투입 불능, SqLP점등

③ 최초기동 시 MCB전체 투입 불능 원인

  − CRLp: CpRS취급시 제동완해

출입문 관련 고장 시 조치방법

1. 출입문 고장 시 기본조치에는 어떤 조치들이 있나?

① 차측등 모니터로 고장차 확인

② CrS(Conductor Switch: 출입문 스위치) 수회 취급, 전부운전실 DILPN(NFB "Door Indicator Lamp": 발차지시등 회로차단기)확인, 계기등 확인

③ 고장출입문 코크확인

④ 관제실에 보고

⑤ 복귀불능 시 코크차단 후 폐쇄막 설치 및 역무원 수배

⑥ 관제실 승인받고 DIRS(Door Interlock Relay Switch: 출입문 비연동스위치) 취급 (DS(Door Switch: 출입문 연동스위치)접점불량)

2. 전체 출입문 열림 불능 시

① 축전지 전압 확인

② Crs(Conductor Switch: 출입문 스위치) 수회 취급 및 전부차 Crs취급

③ 전부TC차 CrsN확인, 역전간 OFF위치에서 개문 취급

④ ZVR("0"속도계전기)불량시 LSBS(Low Speed By-Pass Switch: 저속도 바이패스스위치) 취급(승인)

3. 1개 출입문 열림 불능 시?

① 해당차 배전반 DMVN1(NFB for "Door Magnet Valve": 출입문전자변 회로차단기), DMVN2확인

② 출입문 전체 코크 3개소 확인

③ 여객분산, 역무원 승차, 필요시 출입문 쇄정

④ 2량 이상 출입문 열림 불능 시 회송

4. 전체 출입문 닫힘 불량 시?

① Crs 및 DROS(Door Reopen Switch: 출입문 재개폐스위치) 수회 취급

② CsRN을 OFF 후 ON하여 열리면 Crs고착(고착 시 회송)

③ DROS고착 시 CrsN을 ON, OFF 취급하고 고착되지 않은 방향은 정상취급한다.

5. 1량 출입문 닫힘 불량 시?

① 해당차 배전반 DMVN1(NFB for "Door Magnet Valve": 출입문전자변 회로차단기), DMVN2확인

② 출입문 전체 코크 3개소 확인

※ 2량 이상 출입문 닫힘 불능 시 회송

6. 1개 출입문 닫힘 불량 시?

① 해당 출입문 공기관 코크 확인

② 출입문 전자변(DMV) 수동취급

③ 출입문 코크 차단 후 수동폐문 가능 시 쇄정

④ 폐문 불능 시 폐쇄막 설치, 역무원 승차

⑤ 비연동 승인 받고 DIRS취급하여 기교체역까지 운행

※ 2개 이상 출입문 닫힘 불능 시 회송

7. 출입문 양소등이란?

출입문 폐문 취급 시 차측등은 소등되었으나 운전실 DOOR등이 점등되지 않은 상태이다.

8. DOOR등 점등 불능 시 조치는?

① 차측등 및 모니터상 불량 차호확인
② 출입문 스위치(Crs 및 DOS)수회 개폐취급
③ 관제실에 보고
④ 전·후부 운전실 배전반 내 DILPN 확인
⑤ 해당 출입문 공기관 코크 및 이물질 개입여부 확인
⑥ DS접점 불량시 관제사의 비연동 승인에 의한 DIRS ON취급

9. 전체 차측등 소등, DOOR등 소등 시 조치는?

① 차측등 모니터를 확인하고
② 계기등을 확인하고(DOOR등 전구 소손 확인)
③ 전부등 DILPN(NFB for "Door Indicator Lamp": 발차지시등 회로차단기) 확인하고
④ DS접점 불량 시 승인 후 출입문 비연동(DIRS)을 취급한다.

10. DS접점 불량은 어떻게 확인하나?

모니터의 출입문 닫힘 상태로 확인한다.

11. 후부 발차지시등 회로차단기(DILPN: NFB for "Door Interlock Lamp") 트립 시 조치는?

(1) 현상
① DOOR등(계기등 소등) 소등되고
② 역행가능하다.

(2) 조치

① 후부DILPN을 확인하고

② 재차 트립 시에는 승인에 의해 출입문비연동(DIRS)취급한다.

12. 전부 발차지시등 회로차단기(DILPN(NFB for "Door Indicator Lamp") 트립 시 조치는?

(1) 현상

① DOOR등 (계기등 소등)소등되고

② 역행가능하다.

(2) 조치

전부DILPN을 확인한다.

13. 전체 출입문이 반감 되었을 때는?(출입문 8개 중 가운데 4개 닫힘)

DHS(Door Half Switch: 출입문 반감스위치) 확인한다.

14. DHS(Door Half Switch: 출입문 반감스위치)를 취급해도 동작하지 않을 때는?

DLPN(NFB for "Door Lamp": 출입문차측지시등 회로차단기) 확인

15. 1량 출입문 차측등 소등 시 조치는?(1량 양소등)

① 1량 차측등이 점등되지 않는다.

② 해당차 출입문과 출입문 차측등표시등 회로차단기(DLPN)을 확인한다.

16. VVVF차 1량에는 출입문 관계 코크는 모두 몇 개인가?

① 모두 11개이다.

② 외부 전체 코크 2개

③ 내부 전체 코크 1개

④ 출입문 당 1개(총 8개)

17. 출입문 열림상태에서 역행이 가능할 때 조치는?

① DIRS를 확인하고

② OFF시킨다.

18. 출입문 관련 고장으로 회송조치할 경우

① 2개 이상 출입문이 닫히지 않을 경우

② 2량 이상의 출입문이 열리지 않을 때

제2부

제동장치

제1장

제동개요

"기관사들에 의하면 전동차를 역행하는 것보다 제동하는 일이 훨씬 더 어렵다고 한다."

제동장치의 조건

(1) 열차는 고가속, 고감속에 잘 적용되는 높은 정밀도의 제동장치가 장착되어 있어야 한다.

(2) 열차의 편성 량 수 또는 승객의 다수에 관계없이 일정한 제동력을 확보해야 한다.

　　(응하중 제어)

(3) 제동 취급이 간편하고 보수가 용이하며 확실한 제동 성능으로 언제나 어떤 제동 취급이라
　도 자유자재로 취급할 수 있어야 한다.

(4) 열차 분리, 이상 상태 및 필요 시에는 신속하게 자동적으로 급정차할 수 있어야 하며 제동
　취급 중에도 적절한 승차감이 유지되어 있어야 한다.

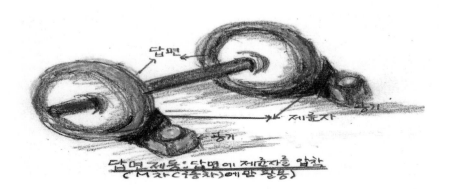

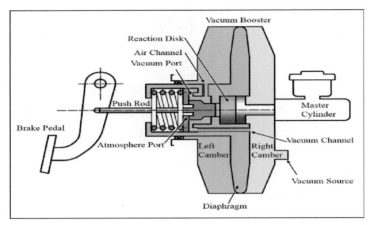

Liang Li, Diagram of vacuum booster system., Tsinghua University, 2010

제2절 제동장치의 종류

1. 동작원리에 의한 분류

① 제동장치는 동작원리에 따라 마찰력을 이용하는 기계적인 제동장치와

② 주전동기를 발전기를 사용하는 경우의 역−토크를 이용하는 전기적인 제동장치로 구분

(1) 기계적인 제동장치

− 수동제동, 진공제동, 공기제동, 전자제동 등이 있는데 현재 전기동차에서는 공기제동과 주
  차용수동제동(과거)을 사용하고 있다.

예제 다음 중 기계적인 제동장치로 현재 전기동차에 사용되고 있는 제동장치 종류로 맞는 것은?

가. 수동제동, 공기제동

나. 공기제동, 전자제동

다. 공기제동, 진공제동

라. 전자제동, 수동제동

해설 기계적인 제동장치: 수동제동, 진공제동, 공기제동, 전자제동
현재 전기동차에서는 공기제동, 주차용 수동제동을 사용하고 있다.

(2) 수동제동

원시적인 제동방식. 지렛대의 원리를 이용한 제동방식. 구형 무궁화호차량의 일부와 대부분의 화물열차에 수용제동기 설치

(3) 전기적인 제동장치

– 발전제동(AD저항차)과 전력 회생제동(쵸퍼차, VVVF차)이 있으며 모두 사용하고 있다.

2. 마찰력 발생 기구에 의한 분류

(1) 답면제동

차륜 답면에 제륜자를 직접 압착시켜 그 사이의 마찰력을 이용하는 것으로 전기동차의 구동차에 사용된다.

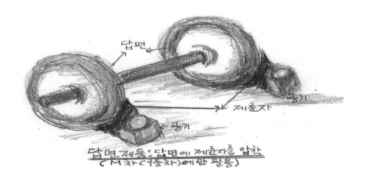

(2) 디스크(Disk)제동

– 차측 또는 차륜에 정착된 원판에 제륜자를 입력시켜 그 사이의 마찰력을 이용하는 것으로 전기동차의 부수차에 사용된다.

– 기계식 제동장치의 일종으로 차축에 원판(디스크)을 취부하여(원판을 잡아줌으로써 차

축을 멈추게 하는 방식) 마찰편(디스크라이닝)이 압착되어 제동을 시행한다. 전동차에서는 동력차가 아닌 부수차(TC차, T차)에 주로 사용하고 있다.

Railsystem.net

예제　다음 중 차축 또는 차륜에 장착된 원판에 제륜자를 압축시켜 마찰력을 이용하는 것으로 전기동차 부수차에 사용되는 제동장치로 맞는 것은?

가. 드럼제동　　　　　　　　　　나. 답면제동

다. 디스크제동　　　　　　　　라. 레일제동

해설　디스크제동은 차축 또는 차륜에 장착된 원판에 제륜자를 압착시켜 마찰력을 사용한다.

예제　다음 중 마찰력 발생 기구에 의한 제동장치의 분류에 해당되지 않는 것은?

가. 레일제동　　　　　　　　　　나. 디스크제동

다. 답면제동　　　　　　　　　　**라. 보안제동**

해설　마찰력 발생기구에 의한 분류: 답면제동, 디스크제동, 드럼제동, 레일제동

3. 드럼(Drum)제동

차축 또는 차륜에 장착된 원통(Brake Drum)을 제륜자로 압착시켜 그 사이의 마찰력을 이용하는 것이다.

4. 레일(Rail)제동

제륜자를 레일에 압착시키거나 또는 전자력에 의하여 흡착시켜 이 사이의 마찰력을 이용하는 것으로 Truck Brake라고 한다.

CTIF, The Swedish Civil Protection Agency (MSB) blames majority of forest fires on sparks from trains. Swedish railways are behind nearly a hundred of the forest fires that plagued the country in summer. 2018

예제 다음 중 전동차 T차와 M차에 각각 장착된 기초 제동장치로 맞는 것은?

가. 디스크제동, 답면제동　　　　　나. 디스크제동, 레일제동

다. 드럼제동, 답면제동　　　　　　라. 드럼제동, 레일제동

해설 ① 부수차(T, Tc차): 디스크제동, ② 구동차(M, M차): 답면제동

예제 다음 중 답면제동 장치에 관한 설명으로 틀린 것은?

가. TC, T1, T차에 설치되어 있다.

나. 제동 시 답면의 온도가 높아지며 차륜 답면에 이상 마모가 발생할 우려가 있다.

다. 제동력 전달 경로는 제동통-제동레버-제륜자Hook-제륜자Head-제륜자-차륜답면으로 전달된다.

라. 레진 제륜자를 사용하며 1대차에 4개의 제동통이 설치되어 있다.

해설 답면제동장치는 구동차(M, M′)의 대차에 설치되어 있다.

예제 다음 중 Disk 제동장치의 제동력 전달 경로로 맞는 것은?

가. 제동통-제륜자헤드-제륜자훅-제동레바- Disk

나. 제동통-Lining-제동레바-제륜자헤드-Disk

다. 제동통-제동레바-Lining-제륜자헤드-Disk

라. 제동통-제동레바-제륜자헤드-Lining-Disk

해설 Disk 제동장치의 제동력 전달 경로: 제동통-제동레바-제륜자헤드-Lining-Disk

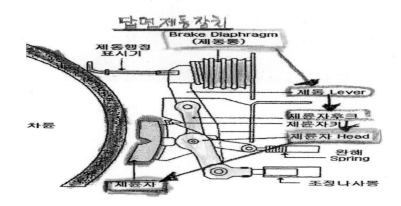

5. 조작방법에 의한 분류

(1) 상용제동: 열차운전에 상용되는 제동이다(1~7단까지).

(2) 비상제동: 비상 시 열차를 급정차시키기 위한 제동이다.

(3) 보안제동: 상용제동, 비상제동과 별개로 열차의 안전을 위하여 만들어진 제동이다.

(4) 주차제동: 열차의 주차를 목적으로 하는 제동이다.

(5) 정차제동: 경사진 역에서 정차 후 출발 시 Roll Back 현상을 방지하기 위하여 만들어진
제동이다(그러다가 열차를 출발시키기 위하여 노치를 당기면 출력신호가 나와서 출발한다).

다음 중 조작방법에 의한 제동장치의 분류에 해당하지 않는 것은?

가. 회생제동   나. 비상제동

다. 주차제동   라. 상용제동

동작원리에 의한 제동장치의 구분
　① 기계적인 제동장치: 공기제동, 수동제동, 진공제동, 전자제동(여기서 잠깐 → 공수진전)
　② 전기적인 제동장치: 발전제동, (전력)회생제동(여기서 잠깐 → 발회)
　* 조작방법에 의한 제동장치의 구분: 상용제동, 비상제동, 보안제동, 주차제동, 정차제동
　　(여기서 잠깐 → 상비보주정)
　* 마찰력 발생기구에 의한 제공장치의 구분: 답면제동, 디스크제동, 드럼제동, 레일제동
　　(여기서 잠깐 → 답디드레)

다음 중 경사진 역에서 정차 후 출발 시 Roll Back 현상을 막기 위해 만들어진 제동으로 맞는 것은?

가. 상용제동   나. 정차제동

다. 주차제동   라. 보안제동

정차제동은 경사진 역에서 정차 후 출발 시 Roll Back 현상을 방지하기 위한 제동이다.

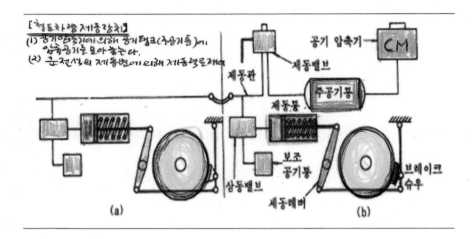

1. 답면제동

- 구동차(M, M′차)의 대차에는 속도의 변화에 의한 마찰계수가 크게 변동하지 않는 레진 제륜자를 사용
- 1차륜에 1개의 제동통 설치
- (공기제동＋ 전기제동) 공기제동도 들어가고, 전기제동도 들어간다.

[제동력의 전달경로]

- [제동통] → [제동레바] → [제륜자Hook] → [제륜자Head] → [제륜자] → [제륜자답면]

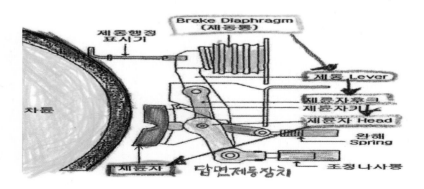

2. 디스크 제동

- Motor차(M, M')는 발전제동과 공기제동이 병용되나
- 부수차(TC, T차)는 "공기제동"만 작용하므로
- M, M'차와 동일한 감속도를 얻기 위하여 답면제동 방식을 사용하게 되면 제륜자의 압력을 크게 하지 않을 수 없다(공기제동만 들어가기 때문이다).
- 이에 따라 제동 시 답면의 온도가 높아지는 동시에 차륜 답면에 이상 마모가 발생하기 쉽고 답면에 균열 등이 발생한다. 이런 결점을 보완하기 위하여 차륜 답면에 제동을 체결하지 아니하고
- 차축에 2개의 제동용 원판(Disk)을 부착하여 제동력을 얻는 방식인 Disk 제동방식을 채택한다.

Railsystem.net

제4절 전기 제동

1. 발전제동

- 타행운전 시에는 전차선으로부터 공급되던 전원은 차단되나
- 열차는 관성에 의해 계속 주행.
- ◑ 이 상태에서 제동취급 → PBCg가 B쪽(우측그림 쪽)으로 전환 → 주전동기 회로는 발전전동 회로로 전환되어 → 전동기는 → 발전기 → 역회전력 발생
- PBCg(Powering Braking Change Over Switch)
- Mre: 주저항기

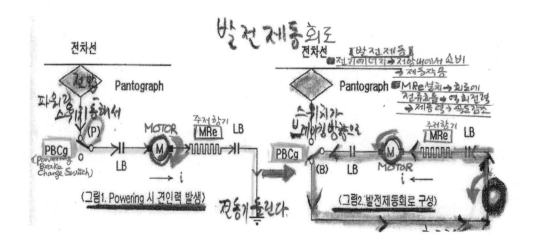

[발전제동]

- 평소에 바퀴를 회전시켜 주던 주 전동기는 회로를 약간만 변경시키면 발전기로 변한다.
- 이때 지금까지 회전하던 방향과 반대방향으로 회전하려는 힘, 즉 제동력이 생기는데
- 이 원리를 이용하면 기계적 제동장치의 최대 약점인 부품의 마모나 마찰면의 발열 등이 나타나지 않는 전기제동이 가능하다.

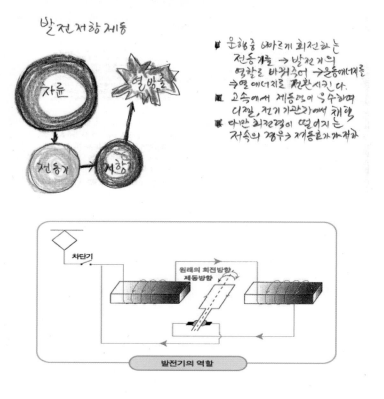

2. 회생제동

- 제동취급 시 발전된 전기에너지를 전압보다 높게 승압시켜
- 변전소 및 다른 전동차에 되돌려 보내는 것을 회생제동

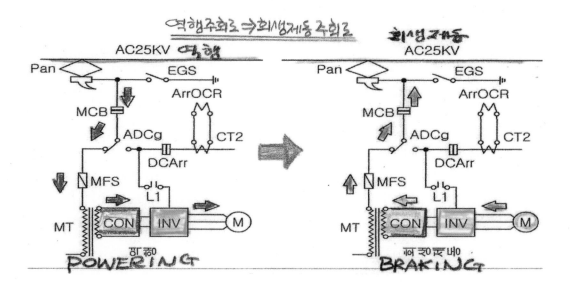

예제   다음 중 전동차의 전기제동에 관한 설명으로 틀린 것은?

가. 회생제동은 전차선 무가압 구간에서는 동작하면 안 된다.

나. 발전제동은 발전기 전기를 전차선에 가압한다.

다 . 발전제동은 전차선 무가압 구간에서도 동작한다.

라. 회생제동은 발전된 전기를 전차선에 가압한다.

해설   발전제동은 저항 내에서 소비시켜 제동작용이 되도록 한 제동시스템이다.

[발전제동]:

- 교류 25KV를 Pan을 통해 받아 전력변환하여 전동기에 집어 넣는다.

- 이 전동기는 발전기 역할도 한다. 즉, 동력이 전기를 만들어 낸다. 전기를 가압하면 전동기가 회전하게 된다.

- 그러다 전기를 끊어주면 타력에 의해 모터는 계속 돌아간다.

- 그 모터 돌아가는 동력이 전기를 발생시키게 된다.

- 여기서 돌아가는 회전력을 감쇄시키는 방향으로 역기전력이 발생된다.

- 이것을 전기 제동이라고 한다.

- 이러한 전기제동 중에 하나가 발전제동이다.

예제 다음 중 VVVF 제어 전기동차가 교류구간(AC)운행 중 상용제동 취급 시 구성되는 회생제동 회로는?

가. 발전기-인버터-L1-주차단기-Pan

나. 발전기-인버터-주차단기-주변압기-Pan

다. 발전기-주변환기-주변압기-주차단기-Pan

라. 발전기-L1-인버터-주차단기-Pan

해설 교류구간(AC)운행 중 상용제동 취급 시 구성되는 회생제동 회로 순서는 다음과 같다.
발전기-주변환기-주변압기-주차단기-Pan이다.

예제 다음 중 직류구간에서 상용제동을 취급하면 구성되는 회생제동 회로는?

가. 발전기-주변환기-주변압기-주차단기-Pan

나. 발전기-인버터-L1-주차단기-Pan

다. 발전기-인버터-주차단기-주변압기-Pan

라. 발전기-I1-인버터-주차단기-Pan

해설 직류구간에서 상용제동을 취급하면 회생제동 회로 순서는 다음과 같다.
발전기-인버터-L1-주차단기-Pan이다.

[회생제동(Regenerative Braking)]
- 토크력으로 움직이고 있는 전동기가 폐회로 상태(정지)가 됐을 때의
- 관성력을 이용해 바퀴 등에 달려 있는 회전자를 돌려
- 전동기를 발전기 기능으로 작동하게 함으로써
- 운동 에너지를 전기 에너지로 변환해 회수하여 제동력을 발휘하는 전기 제동 방법

[회생 제동에 대한 주요 기준]

– 회전자가 동기속도보다 높은 속도로 회전해야 하며

– 모터가 발전기 역할을 하며

– 회로를 통한 전류 흐름의 방향과 토크 방향이 역전되어

– 제동이 발생한다.

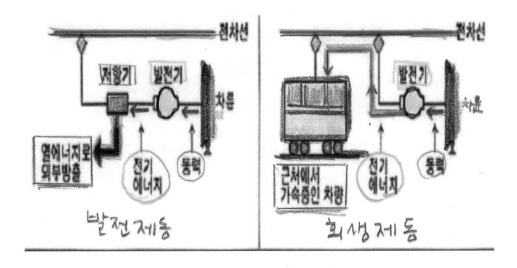

제5절 공기 제동

1. 직통 공기 제동방식

– CM(Compressor Motor)에서 생성된 공기를 주공기관(MR)에 관통하고

– 제동핸들을 취급하면 MR공기가 SAP에 충기되어 각 차량에 제동용 공기로 작용하는데,

– SAP(Straight Air Pipe)공기가 제동통에 들어가서 피스톤을 밀면 제륜자가 차륜을 압착하여 제동작용을 하게 된다.

– 장치가 간단하고 다양한 제동제어가 이루어지나

– SAP관(Straight Air Pipe: 직통관)이 파손될 경우에는 제동이 체결되지 아니하며

– 장대 편성인 경우에는 제동전달시간이 오래 걸리고 충격이 발생

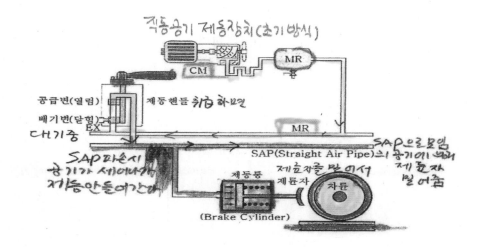

예제 다음 중 직통 공기 제동장치에 관한 설명으로 틀린 것은?

가. 제동위치로 하면 CR공기가 직통관(SAP)에 충기되어 각 차량에 제동용 공기로 공급된다.

나. 장대 편성일 경우 제동 전달 시간이 오래 걸리고 충격이 발생하는 단점이 있다.

다. SAP관이 파손 시 제동이 체결되지 않는다.

라. 장치가 간단하고 다양한 제동제어가 이루어진다.

해설 MR공기가 직통관에 충기된다.

2. 자동 제동장치

- MR공기를 감압하여 전차량의 BP관(Brake Pressure)에 충기시켜 놓았다가

- 제동 취급시에 BP 공기를 배기시켜 SR(보조공기통)공기가 제동통(BC)에 공급

- 저항제어전동차의 경우 비상제동으로만 사용하고

- 열차분리 시에도 자동으로 제동을 체결할 수 있다.

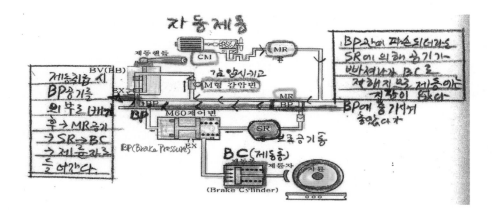

예제 다음 중 열차 분리 시 공기가 배기되면 제동이 체결되도록 작용하는 제동으로 맞는 것은?

가. 자동제동　　　　　　　　　　　나. 보안제동

다. 직통제동　　　　　　　　　　　라. 주차제동

해설 자동제동에 대한 설명이다.

예제 다음 중 자동 제어 장치에 관한 설명으로 틀린 것은?

가. MR공기를 L형 감압변에서 일정하게 감압하여 MR관에 충기시켜 놓았다가 제동 취급 시 BP공기
　　를 배기시켜 제동작용이 일어난다.

나. MR공기를 M형 감압변에서 일정하게 감압하여 BP관에 충기시켜 놓았다가 제동취급 시 BP를 배
　　기시켜 제동작용이 일어난다.

다. 열차분리 시 자동으로 제동 체결할 수 있는 장점이 있다.

라. AD저항차의 경우 비상제동에만 사용한다.

해설 자동 제동장치는 MR공기를 감압변에서 일정하게 감압하여 전 차량의 BP관에 충기시켜 놓았다가 제동 취
급 시에는 BP공기를 배기시켜 삼동변의 작용에 의해 보조공기통(SR)의 공기를 제동통(BC)에 공급하여
제동을 체결하는 방식이다.

예제 다음 중 주공기압력이 6.0 kg/cm² 이하가 될 때 역행(동력)회로를 차단하는 스위치로 맞는 것은?

가. ScBS

나. PBPS

다. MRPS

라. CPRS

해설 주차제동 공기압력 스위치(PBPS)에 대한 설명이다.

3. 전자직통 제동장치

- 각 차량마다 전자변(AV(Application Magnet Valve: 제동전자변), RV(Release Valve: 완해전자변))을 작용시켜 차량 별 시차없이 각각 제동작용을 하는 방식(AD저항 전동차에 사용)
- 제동취급시 152선가압으로 제동전자변 여자로 제동 체결
- 완해시 151선 가압으로 완해전자변여자로 완해(152선의 전원은 차단되므로 전자변은 소자)

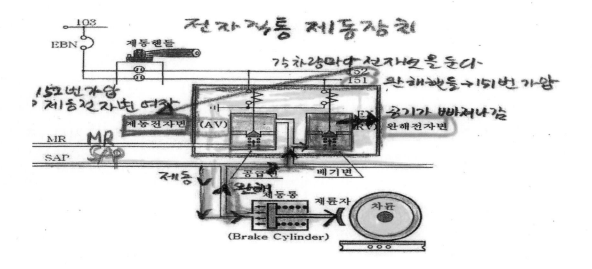

예제 다음 중 CN-1 전자직통제어기에 관한 설명으로 맞는 것은?

가. 제동 시 CP실 압력이 SAP 압력보다 크면 152선이 가압되어 제동 전자변이 여자된다.

나. 제동 시에는 152선이 가압되며 완해전자변이 여자된다.

다. 완해 시에는 151선이 가압되며 제동전자변이 여자된다.

라. 제동 시 SAP실 압력이 CP압력보다 크면 152선이 가압되어 완해전자변이 여자된다.

해설 제동 시 CP실 압력이 SAP 압력보다 크면 152선이 가압되어 제동 전자변이 여자된다.

4. 전기지령식 제동장치(전기지령이 공기압력으로 변환)

- 전기제동방식은 제동1단이면 1단 전기신호에 의해 제동이 이루어진다.
- 전기지령식 제동장치에서는 이 전기신호가 장치를 통해 공기압력으로 바뀌게 되면서
- 전기신호에 상응하는 공기압력이 만들어지면서 제동이 체결되는 방식이다.

(1) 전기지령식 제동장치의 특징

1. 응답성, 제어성, 전기제동과의 혼합, 고속화에 따른 공주시간단축, 속도점착 특성에 의한 제동력 제어, 제동장치의 소형 경량화 등이 우수하며
2. 제동관(BP)과 직통관(SAP)이 필요 없으므로 신뢰성, 보수성, 경제성이 우수하고 공기배관 이 간편하다(MR관만 있으면 된다).

(2) 전기지령식 제동장치의 장점

① 제동작용이 확실하고 보다 원활하다.

② 제동력 가감을 자유롭게 할 수 있다.

③ 제동제어(제동력 과부족, 응하중제어)는 각 차량이 자체적(해당차량에 승객수에 따라) 으로 조절할 수 있다(제동력 부족: 예컨대 7단 취급하면 7단만큼의 공기압력이 발생되어 야 하는데 그 수준에 못 미치는 상태).

④ 비상제동은 각 차량이 동시에 자동적으로 신속하게 작용하여 차량의 제동거리를 단축시 킬 수 있다.

⑤ 승무원의 간단한 조작 등에 의해 차량 전체에 비상제동을 작용시킬 수 있다(EBS등의 간 단한 스위치 조작가능).

⑥ 열차분리 등이 발생 시 차량에 자동적으로 비상제동이 체결된다.

⑦ 조작이 간단하며 정밀한 제동력 제어가 가능하다.

⑧ Monitor 장치 등을 통해 고장 유무를 쉽게 알 수 있다(기관사 앞의 TGIS모니터에는 각 차량마다의 성능, 제동력, 고장 상태 등을 파악할 수 있다).

(3) 전기지령식 제동장치의 종류

─ 전기지령식은 디지털(Digital)과 아날로그(Analogue) Signal방식

(가) 디지털 Signal 방식

─ 각 차량에 인통된 3개의 상용제동선(27,28,29번선)을 제동핸들 또는 주간 제어회로기로부터 여자 또는 소자시켜 자동신호를 부여하는 방식

(나) 아날로그 Signal 방식

주간제어기 및 ATO/ATC장치로부터 전류, 주파수, 전압 등의 아날로그 시그널(Analogue Signal)을 전달(아날로그 방식으로 밖에 받을 수 없기 때문에)받아 제동전자 장치에서 연산 처리하여 제동 출력값을 결정하는 최근의 방식)

전동차의 제동방식 비교

구 분	수도권 1호선 (저항차)	서울메트로 2, 3호선	부산 1호선	도시철도공사 대구,인천 1호선 부산 2호선	철도공사, 서울메트로 과천선
제동 방식	발전+공기제동	회생+공기제동	발전+회생+공기	회생+공기제동	회생+공기제동
지령전달 방식	아날로그 공기지령	디지털 전기지령	아날로그 전기지령	아날로그 전기지령	디지털 전기지령
전공연산 방식	발전제동중체절 전자변으로SAP 압력을 억제	다단막판식 중계변에 의한 공기연산 전공 협조	ECU에서 전기 연산 전공협조	TCMS에 의한 연산/정보처리	ECU에서 전기 연산 전공협조
인통 공기관수	MR, SAP, BP	MR	MR	MR	MR(BP, SAP는 Tc차에만 설치)
JERK 제어	×	×	○	○	○
비상 제동	상시 소자선 여자에 의한 작동 (BP압 급배기)	상시 여자선 소자에 의한 작동	좌 동	좌 동	좌 동
응하중	△	△	○	○	○
응답성	×	△	○	○	○
보수성	×	△	○	○	○
주차 제동	수용제동	수용제동	스프링 작용식 공기완해방식	스프링 작용식 공기완해방식	스프링 작용식 공기완해방식
ATO저통부	×	×	○	○	×

다음 중 전동차의 전기 지령식 제동장치에 관한 설명으로 틀린 것은?

가. 제동력 가감을 자유롭게 할 수 있다.

나. 저항 제어차에 비해 응답성, 제어성이 우수하며 고속화에 따른 공주 시간이 짧다.

다. 제동관(BP) 및 직통관(SAP)이 필요 없어 신뢰성, 보수성, 경제성이 우수하고 공기 배관이 간편하다.

라. 과천선 VVVF 전동차에 운행하는 제동장치는 아날로그 전기 지령식이다.

과천선에 운행하는 전기 지령식 제동장치는 디지털 전기 지령식으로 제동방식은 회생제동, 공기제동을 사용한다. → 과디전회공

다음 중 HRDA형 제동장치 특징에 관한 설명으로 틀린 것은?

가. 비상제동 시에는 회생제동이 체결되지 않는다.

나. 상용제동 시에는 구동차와 부수차가 일괄 교차 제어된다.

다. 상용제동은 반드시 유니트 단위로 제어되며 제동 유니트는 구동차와 부수차로 구성된다.

라. 구원열차를 연결하여 운행 시 고장 열차의 운전실에서는 제동 취급이 불가능하다.

* HRDA(High Response Digirtal Analog)

고장 열차의 운전실에서도 제동 취급이 가능하다.

다음 중 HRDA형 제동장치의 특징에 관한 설명으로 틀린 것은?

가. 회생제동을 사용한다.

나. 활주 방지 장치가 설치되어 있다.

다. 일괄 교차제어식이다.

라. 비상제동 사용 시 신속한 정차를 위해 회생제동이 함께 체결된다.

비상제동 작용 시 회생제동은 체결되지 않는다.

- SIV에서 발생된 AC440V(서울교통공사 차량AC 380V)전원으로 구동하는 유도전동기이다. 자체 기동장치(CMSB)에서 인버터(가변전압가변주파수: VVVF)에 의한 제어(Soft Start: 소프트한 제어가 가능하다)

- 스크류(나사식)공기압축기의 냉각 방식은 전동기 뒤에 취부된 팬에 의해 강제 흡입 송풍 공냉식·CM(공기압축기)이다. 차량에 설치된 조압기(CMG)의 설정압력을 상한치 $9kg/cm^2$, 하한치 $8kg/cm^2$이다. 8kg 이하에서 작동하고, 9kg 이상에서는 작동을 멈추게 된다.

- 따라서 가동 및 정지 $-9.7+-0.1kg/cm^2$ 이상이 되면(파열 일으킬 수 있으므로) 안전변 이 동작하여 기기를 보호(CM에서 발생한 공기를 빼준다)한다.

- CM은 잔류 수분을 제거하기 위한 공기건조기와 전류 오일을(오일이 끼어들 수 있으므로) 제거하기 위한 유(기름)분리기 설치

- 자동배수벨브를 설치하여 CM 정지 시 유분리기와 공기건조기 작동

SBR: Security Brake Resevor(보안제동공기통)

CR: Compulsory Release(강제완화)

SR: Supply Reservoir(공기공급통)

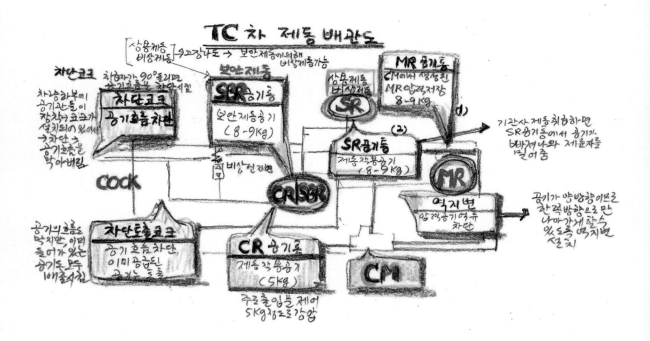

예제 다음 등 공기압축기 부속기기 및 공기통과 콕크에 관한 설명으로 틀린 것은?

가. 제습기는 2분 간격으로 동작하여 수분을 제거하여 공기 제동장치 등 압력공기가 사용되는 장치나 기기에 깨끗한 압력공기를 공급하게 한다.

나. 자동 배수 밸브는 주공기통 하부에 설치되어 주공기통 내부에 고인 수분과 오일을 제거, 각종 공기장치를 오일 및 수분으로부터 보호한다.

다. CMG는 설정 압력에 따라 공기압축기를 구동하고 정지하는 역할을 한다.

라. 보안제동에 사용하는 SBR공기통은 4kg/cm²으로 충기되어 있다가 보안 제동 스위치를 취급하면 전 차량에 공기제동을 체결한다.

해설 SBR공기통은 보안제동에 사용되는 공기통으로 약 70ℓ정도이며 공기압력은 MR공기와 같은 8~9kg/cm²이다.

예제 다음 중 공기압축기(YT2000AM2)의 구동축 회전수로 맞는 것은?

가. 1,500 RPM 나. 1,250 RPM

다. 1,650 RPM **라. 1,750 RPM**

해설 공기압축기(YT2000AM2)의 구동축 회전수는 1,750RPM이다.

제7절 제동의 3작용(이해 → 외우기)

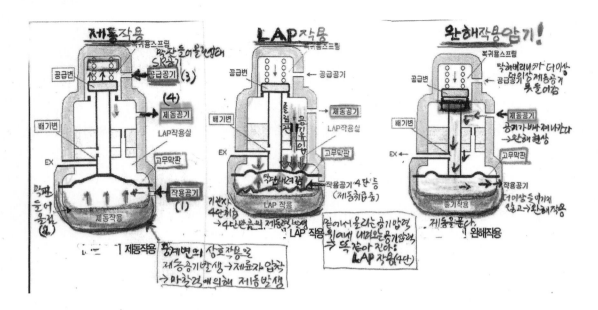

예제 다음 중 제동의 3작용에 해당하지 않는 것은?

가. 비상 작용   나. 완해 작용

다. 랩 작용   라. 제동 작용

해설 제동의 3작용; 제동 작용, LAP 작용, 완해(풀기) 작용

예제 다음 중 졸림구를 통해 고무막판 상실에 충기, 고무막판 중심으로 상실과 하실의 공기압력
     이 동일한 상태일 때의 제동작용으로 맞는 것은?

가. 비상작용   나. 랩 작용

다. 제동작용   라. 완해작용

해설 랩 작용에 대한 설명이다.

HRDA(High Response Digital Analog)형 제동장치
−VVVF전기동차제동방식−

제2장

HRDA 개요

1. HRDA제동장치란 무엇인가?

(1) 회생제동과 공기제동을 병용하는 일괄교차 연산식의 전기공기방식을 채택

(2) 비상제어회로 상시 여자방식

(3) 제동제어기 취급, ATC/ATS 동작, 주공기압력 부족(MRPS), 비상스위치(EBS)취급, 열차분리 상황 등의 조건에 대한 높은 감속도를 유지하기 위하여 공기제동만 작용

2. HRDA제동장치의 기능과 장치는?

(1) 저항제어차, 서울교통공사 전기동차 및 디젤기관차 등과 상호 구원운전이 가능하도록 설계되었다.

(2) 제동력 부족, 제동불완해의 검지 및 원격제어 기능을 가지고 있으며, 활주방지(Anti−Skid) 기능이 있다. 제동통압력이 너무 낮거나 제동시스템에 고장이 있을 때 정보기능 및 종합제어감시장치에 전송하도록 되어 있다.

(3) TC차, T차, T1차에는 디스크 제동에 의한 공기제동장치로 구성

(4) M차, M'차에는 회생제동장치와 제륜자제동 방식에 의한 공기제동 장치로 구성

3. HRDA형 제동장치의 주요 특징

(1) 상용제동은 반드시 유니트단위로 제어되며(이렇게 해야 크로스블랜딩이 가능하다.) 제동유니트는 구동차(M, M'차)와 부수차(Tc, T, T1차)로 구성된다(차량편성은 편성차 수의 50%가 구동차, 50%는 부수차로 편성).

(2) 상용제동 지령은 순수한 전기지령식 제동장치이다.

(3) 상용제동 시 구동차(M차)의 제동제어유니트(E.O.D.)(KNORR에서는 ECU)가 부수차의 제동까지 제어하는 일괄교차제어방식이다. KNORR제동차에는 구동차, 제어차에 각각 설치되어 있다. 이것이 양 제동장치의 큰 차이점이다(시험 출제).

(4) 회생제동 작용으로 최대의 전기에너지를 회수하여 재사용할 수 있다.

(5) 감속도의 급격한 변화를 제어하여 승차감을 향상시켰다.

(6) 상용제동 및 비상제동작용 불능 시 보안제동을 사용할 수 있다.

(7) 비상제동작용 시에는 회생제동은 체결되지 않는다.

(8) 스프링 작용에 의하는 주차제동장치가 설치되어 있다.

(9) 활주방지장치가 설치되어 있어서, 차륜 활주 발생 시 차륜과 레일의 마모를 줄이고 제동거리를 단축시킨다.

(10) 공주시간이 짧다(비상제동시 약 1.3초).

(11) 합병운전이 가능하도록 구원제동장치(B.T.U.)가 설치되어 있다.

(12) 차량 간에는 주공기통관 1개만 인통된다(제동관이나 직통관은 없다. MR관 1개만 있다(KNORR와 똑같다)).

- EOD(Electronic Operating Device: 전기제동작용장치)
- BTU(Brake Translating Unit: 제동변환장치)

예제　다음 중 HRDA형 제동장치에 관한 설명으로 맞는 것은?

가. 비상제동은 반드시 유니트 단위로 제어되며 제동 유니트는 구동차(M, M′차)와 부수차(TC, T, T1 차)로 구성된다.

나. 보안 제동 체결 시 제동통으로 유입되는 공기는 SR 공기이다.

다. 상용 7Step 제동체결 시 또는 ATSSBR 여자로 인한 ATC 제동체결 시 회생제동이 정상적일 때 제동력 부족을 감지한다.

라. 일괄 교차제어(Cross Blending) 기능으로 구동차의 회생제동력이 제동 패턴보다 크게 되면 모두 회생제동력을 사용한다.

해설　HRDA형은 일괄 교차제어Cross Blending) 기능으로 구동차의 회생제동력이 제동 패턴보다 크게 되면 모두 회생제동력을 사용한다.

예제　다음 중 HRDA형 제동장치의 특징에 관한 설명으로 틀린 것은?

가. 스프링 작용에 의하는 주차제동이 설치되었다.

나. 상용제동 및 비상제동 작용 불능 시 주차제동을 사용할 수 있다.

다. 회생제동 작용으로 전기에너지를 재사용 할 수 있다.

라. 비상제동 시 공주시간이 약 1.3초로 짧다.

해설　상용제동 및 비상제동 작용 불능 시 보안제동을 사용할 수 있다.

예제　다음 중 HRDA형 제동장치에 설치되어 있는 제동방식이 아닌 것은?

가. 주차제동　　　　　　　　　나. 보안제동

다. 비상제동　　　　　　　　　**라. 정차제동**

해설　HRDA형 제동장치는 상용제동, 비상제동, 보안제동, 주차제동 작용방식 등이 설치되어 있다.

제2절 장치별 기기 구조 및 주요기능

1. 제동제어기

- 제동제어기는 기관사가 열차에 제동을 체결할 경우에 취급하는 기기
- 운전실 기관사 제어대에 설치
- 103선 전원을 제동지령선에 접촉시켜 제동을 체결

1) 전기 접점과 역할

(1) SS1 – SS7 접점: 상용제동선가압(27선, 28선, 29선)

(2) E1 – E3 접점: 비상제동 및 완해

(3) S1 접점: 동력운전회로 차단

(4) S2 접점: 축전기ON/OFF(배터리 접촉기 BatK동작)

(5) S4 접점: 상용7단 제동 시 제동력부족 감지지령선 가압

(6) S5 접점: ATC 지령속도초과 시 확인(ATC확인제동)

(7) S6 접점: 속도기록계 표시

(8) S7 접점: ATS 제한속도 초과 시 확인

(9) S8 접점: 구원운전시 비상제동회로 구성

(10) S9 접점: 운전실 선택회로구성(HCR, TCR여자)

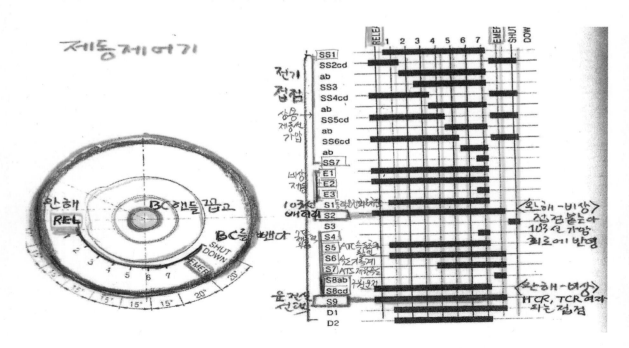

예제 다음 중 ATS/ATC 절환회로를 구성해 주는 전기 접점은?

가. S6　　　　　　　　　　　　나. S5

다. S7　　　　　　　　　　　　라. S8

해설 S7은 ATS 제한속도 초과 시 확인 및 ATS/ATC 절환회로를 구성해 주는 전기 접점이다.

2. 제동핸들 STEP별 제동코드(KNORR과 동일)

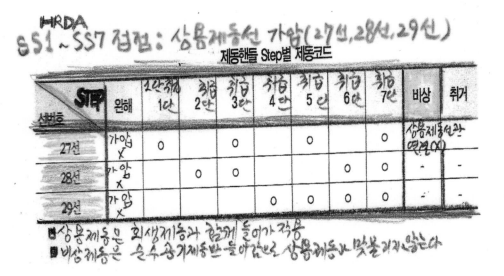

HRDA
SS1 ~ SS7 접점 : 상용제동선 가압(27선, 28선, 29선)

제동핸들 Step별 제동코드

선번호 / STEP	완해	1단	2단	3단	4단	5단	6단	7단	비상	취거
27선	가압 X	○		○		○		○	상용제동관 연결(X)	
28선	가압 X		○	○			○	○	-	-
29선	가압 X				○	○	○	○	-	-

■ 상용제동은 회생제동과 합쳐 들어가 작용
■ 비상제동은 순수공기제동만 들어감으로 상용제동과 맞불기 되지 않는다

예제 다음 중 제동 제어기 핸들 7단일 때 작용하는 지령선 번호로 맞는 것은?

가. 27, 28선　　　　　　　　　　나. 28, 29선

다. 27, 28, 29선　　　　　　　　라. 27, 29선

해설 핸들 7단에서 가압되는 상용제동 지령선 번호는 27, 28, 29번 선이다.

예제 다음 중 제동 제어기 핸들 4단일 때 작용하는 지령선 번호로 맞는 것은?

가. 27, 28선　　　　　　　　　　나. 28선

다. 29선　　　　　　　　　　　라. 27선

해설 핸들 4단에서 가압되는 지령선 번호는 29선이다.

예제 다음 중 상용제동 취급할 경우 27번선이 가압되는 제동단(Step)으로 맞는 것은?

가. 1, 3, 5, 7　　　　　　　　　나. 3, 4, 5, 6

다. 4, 5, 6, 7　　　　　　　　　라. 2, 3, 6, 7

3) BOU제동작용장치(Brake Operating Unit)(VVVF차량)

1. 제동제어 유닛(EOD)

2. 마이크로 프로세스에 의한 제동제어를 담당

3. EOD는 구동차에만 설치

4. HRDA EOD: EOD는 BOU 내에 설치

3. 제동작용장치(BOU: Brake Operating Unit)

(1) 제동제어유니트(EOD): 마이크로 프로세스에 의한 제동제어담당(구동차에만)(KNORR에 서는 모든 차량에 ECU 설치되어 있음)

(2) 전공변환밸브(EPV): EOD에서 지령하는 전류의 세기에 비례하여 작용공기를 생성하여 공기제동압력을 생성한다.

* EPV(Electric Pneumatic Valve)

(3) 중계밸브(RV): 제동통에 작용하는 공기(BC)를 생성한다.

* RV(Relay Valve)

(4) 응하중밸브(VLV): 비상제동작용 시 응하중작용을 한다.

* VLV(Variable Load Valve)

(5) 비상제동전자밸브(EBV): 소자시 비상제동작용공기를 생성한다.

* EBV(Emergency Brake Valve)

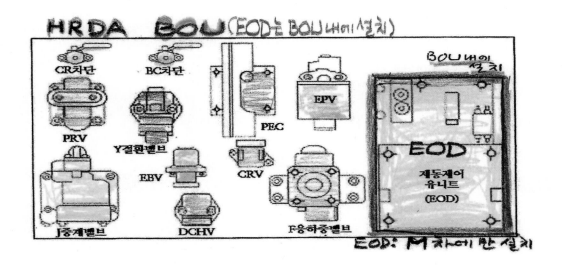

(6) 강제완해전자밸브(CRV): 제동불완해검지 시 강제완해스위치를 취급하면(제동통에 공기가 빠져 나간다) PEC지령에 의하여 여자한다.

    * CRV(Compulsory Release Valve)

(7) Y 절환밸브(TV): 강제완해전자변이 여자될 때 BC공기를 배기하여 제동을 강제로 완해시킨다.

    * TV(Transfer Valve)

(8) 공전변환기(PEC): 중계변출구의 공기 압력(BC)을 전류의 양으로 전환시키고 모니터 제어기기에 전송하며, 제동력 부족과 제동 불완해를 감지하고 또한 강제완해용 전자변(CRV)을 제어한다.

    * PEC(Pnematic Electric Transducer)

(9) 압력조정밸브(PRV): 출입문 작용 장치와 같은 제어장치용 제어공기통(CR)에 일정한 압력 공기를 축적시킨다.

    * PRV(Pressure Regulation Valve)

(10) D 복식체크밸브(DCHV): 상용제동 작용공기와 비상제동작용 공기의 통로를 결정지어 준다.

    * DCHV(Double Check Valve)

다음 중 HRDA형 제동장치(BOU) 설명으로 틀린 것은?

가. Y절환변은 강제 완해 전자변 여자 시 BC공기를 배기하여 제동을 강제 완해시킨다.

나. EPV는 작용 공기 압력을 전류로 변환하여 EOD에 전달한다.

다. EOD는 구동차에 설치되어 제동제어 역할을 한다.

라. B7 압력 조정 밸브(PRV)는 주공기압력을 제어공기통에 충기시킨다.

EPV는 EOD에서 지령하는 전류의 세기에 비례하여 작용공기를 생성하여 공기 제동 압력을 생성한다.

다음 중 제동제어장치(EOD)의 기능이 아닌 것은?

가. 제동 패턴 발생 기능　　　　　　나. 응하중 기능

다. 일괄 교체 제어기능　　　　　　**라. 제동력 부족 감지 기능**

[제동제어장치(EOD)의 기능]
　　① 응하중 기능
　　② 제동패턴발생
　　③ 저어크 제어기능
　　④ 일괄교차제어
　　⑤ 히스테리시스 보정회로
　　⑥ 인쇼트 기능

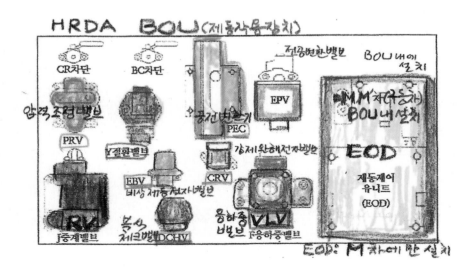

예제 다음 중 부수차의 제동작용장치(BOU)에 설치되지 않는 것은?

가. RV(중계 밸브)　　　　　　　나. ECU(제동제어 유니트)

다. EPV(전공 변환 밸브)　　　　라. EBV(비상제동 전자 밸브)

해설 ① 제동작용장치(BOU)에는 전공전환변, 응하중변, 중계변, 비상제동전자변, 압력스위치, 압력변환기, 압력측정부 등이 설치되어 있다.

② 제동제어장치(EOD: Electronic Operating Device)
구동차(M, M′) 제동작용 장치함(BOU) 내에 설치되어 있다.
두 개의 차(구동차 1량+부수차 1량) → 구동차의 EOD가 양쪽을 제어 → 한 개의 제동 유니트를 구성하여 제동함.

③ ECU는 KNORR에 설치되어 있다.

예제 다음 중 제동장치의 ECU에 의한 연산/정보처리 전공연산 방식을 사용하지 않는 노선은?

가. 수도권 1호선(저항제어차)　　　나. 인천지하철 1호선

다. 도시철도공사　　　　　　　　라. 대구지하철 1호선

* ECU → KNORR

해설 수도권 1호선(저항제어차)은 발전제동중체절 전자변으로 SAP압력을 억제한다.
KNORR → ECU
HRDA → EOD

예제 다음 중 제동작용장치(BOU)에 설치, EOD에서 지령하는 전류에 비례하여 작용공기를 생성하는 곳은?

가. 중계 밸브(RV)　　　　　　　나. 제동제어 유니트(EOD)

다. 전공 변환 밸브(PEC)　　　　라. Y 절환변

해설 전공 변환 밸브는 BOU에 설치되어 EOD에서 지령하는 전류에 비례하여 작용공기를 생성한다.
[BOU 내 설치된 기기]
① 제동제어유니트(EOD): 마이크로 프로세스에 의한 제동제어담당(구동차에만)(KNORR에서는 모든 차량에 ECU 설치되어 있음)
② 전공변환밸브(EPV): EOD에서 지령하는 전류의 세기에 비례하여 작용공기를 생성하여 공기제동압력을

생성한다.

③ 중계밸브(RV): 제동통에 작용하는 공기(BC)를 생성한다.

④ 응하중밸브(VLV): 비상제동작용 시 응하중작용을 한다.

⑤ 비상제동전자밸브(EBV): 소자시 비상제동작용공기를 생성한다.

⑥ 강제완해전자밸브(CRV): 제동불완해검지 시 강제완해스위치를 취급하면(제동통에 공기가 빠져 나간다) PEC지령에 의하여 여자한다.

⑦ Y 절환밸브(TV): 강제완해전자변이 여자될 때 BC공기를 배기하여 제동을 강제로 완해시킨다.

⑧ 공전변환기(PEC): 중계변 출구의 공기 압력(BC)을 전류의 양으로 전환시키고 모니터 제어기기에 전송하며, 제동력 부족과 제동 불완해를 감지하고 또한 강제 완해용 전자변(CRV)을 제어한다.

⑨ 압력조정밸브(PRV): 출입문 작용 장치와 같은 제어장치용 제어공기통(CR)에 일정한 압력공기를 축적시킨다.

⑩ D 복식체크밸브(DCHV): 상용제동 작용공기와 비상제동 작용공기의 통로를 결정지어 준다.

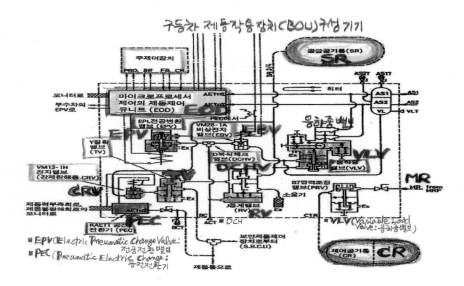

4. 제동제어장치(EOD(Electronic Operating Device)

- 구동차(MM′) 제동작용장치함(BOU함) 내에 설치되어 있으며 두 개의 차(구동차1량 + 부수차 1량)(구동차의 EOD가 양쪽을 제어)를 한 개의 제동 유니트를 구성하여 제동
- 구동차에서는 주변환기의 제어회로 유니트와 같이 회동제동을 제어한다.
- 상용제동제령선(27,28,29선)에서 오는 제동제어기의 (1) 상용제동지령과 (2) 공기스프링압력신호와 연산을 통하여 적합한 제동력 패턴을 계산(KNORR과 동일)
- 주변환장치의 제어회로 유니트에 회생제동력 패턴을 지령하여 상응되는 회생제동력이 발생되도록 제어

- 충격방지(Jerk)제어와 BC압력 히스테리시스 보정을 거쳐 부수차와 구동차의 전공변환변(EPV)에 제동지령(전류mA)을 보내 전기력을 공기력으로 변환하여 제동제어

예제 다음 중 과천선을 운행하는 철도공사 및 서울교통공사 4호선 VVVF제어 차량의 제동에 관한 설명으로 틀린 것은?

가. 지령전달방식: 디지털 전기지령

나. 주차제동: 스프링 작용식/공기 완해방식

다. 전공연산방식: TCMS에 의한 연산/정보처리

라. 제동방식: 회생+공기제동

해설 전공연산방식: ECU(KNORR 제동시스템)에서 전기연산 전공협조

예제 다음 중 HRDA형 제동장치에 관한 설명으로 틀린 것은?

가. 제동제어장치인 EOD는 부수차의 객실 의자 밑에 장착이 되어 제어를 한다.

나. 강제완해제어밸브는 제동불완해 검지 시 강제 완해 스위치를 취급하면 PEC 지령에 의해서 여자한다.

다. 응하중밸브는 비상제동 시 응하중작용을 한다.

라. EPV는 EOD에서 지령하는 전류의 세기에 비례하여 작용 공기를 공기제동 압력을 생성한다.

해설 제동제어장치(EOD)는 구동차(M, M′)용 제동작용 장치함 내에 설치되어 있다.
PEC: Pneumatic Electronic Changer
EPV: Electronic Pneumatic Valve

1) 응하중 기능(Variable Load Function)
- 공전변환기회로(2개의 공기스프링 압력)에 의한 2개의 하중감지 신호를 평균하여 차량중량(응하중 신호)과 제동지령의 합을 연산한다. 혼합된 연합지령을 주제어장치(회생제동제어회로)와 공기제동장치에 전송한다.
- 공기를 전기로 바꾸어 EOD에 들어오게 된다. EOD에서 2개의 하중감시 신호를 평균한다. 응하중과 제동지령의 합을 연산 제동패턴을 만든다.
- 공기스프링(에어백)이 파손되거나, 공전변환회로의 출력이 공차의 신호보다 적을 때는 적

어도 소요 공기제동력의 즉, 공차의 80%에 상당하는 제동력을 확보해야 한다.

– 공전변환회로의 출력이 만차 신호보다 많을 때도 만차 신호의 120% 이하에 상당하는 제동력이 생성된다.

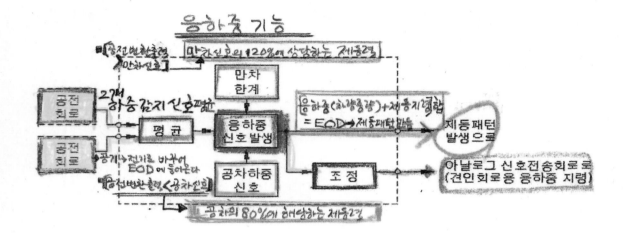

예제 **다음 중 제동에 관한 설명으로 틀린 것은?**

가. 보안제동이란 상용제동과 비상제동의 고장 시 대비한 제동

나. 정차제동이란 출발 시 뒤로 밀리는 현상을 방지하기 위한 제동

다. **응하중 제어란 열차속도에 따른 열차 하중 제어**

라. 밀착연결기란 차량 간 또는 편성 간 연결하는 장치

해설 응하중 제어란 일정 수준(일반적으로 20ton 하중)까지는 승객의 중량에 관계없이 일정한 가속도(3.0km/h/sec) 및 감속도를 유지하기 위하여 전·후위 대차의 공기 스프링 압력(공차하중+승객부하)을 각각 검지하여 전기적 신호로 변환시킨 후 이를 평균하여 차량별 제어신호로 만들고, 승객부하 증감에 따른 전류신호 증감에 의해 견인력 및 제동력을 보상하는 것이다.

예제 **다음 중 HRDA형 제동장치의 응하중 기능에 관한 설명으로 틀린 것은?**

가. 공전변환 회로에 의한 2개의 하중 감지 신호를 평균하여 차량 중량과 제동지령의 합을 연산하여 혼합된 연합지령을 주제어장치와 공기제동 작용장치에 보낸다.

나. 공전변환 회로의 출력이 만차 신호보다 많을 때 만차 신호 120% 이하에 상당하는 제동력만 생성될 수 있도록 한다.

다. 응하중 신호는 주제어장치(MCU)의 역행 제어 회로에 보내어 하중 변동에도 일정한 감속력을 얻
도록 제어한다.

라. 공기 스프링이 파손되거나 공전변환 회로의 출력이 공차의 신호보다 적을 때는 공기 제동력이 공
차의 80%에 해당하는 제동력이 확보될 수 있다.

해설 HRDA형 제동장치의 응하중 기능은 감속력이 아닌 가속력을 얻도록 제어한다.

예제 다음 중 차량 중량과 제동지령의 합을 연산하여 혼합된 연합지령을 주제어장치와 공기제동
작용장치에 전송하는 기능으로 맞는 것은?

가. 저어크 제어기능   나. 히스테리시스 보정기능
다. 응하중 기능   라. 제동 패턴 발생 기능

해설 응하중 기능에 대한 설명이다.

2) 제동패턴발생(Brake Pattern Generation)
- 기본유니트는 M(M,M′) + T(TC, T, T1)로 구동차 1량 +부수차 1량을 기본으로 27,28,29
선을 통하여 지령받은 제동제어기단수(1−7단)에 해당하는 제동력과 응하중패턴 신호에
의하여 제동패턴 신호를 발생한다.
- 응하중과 제동패턴 신호를 합산하여 제동패턴을 만들어 진공변환장치에 보내준다.
- 제동제어기지령은 Step패턴으로 되어 있어서 이것이 제동력으로 작용되면 핸들의 위치가
변환될 때마다 열차에 충격이 발생된다.
- 따라서 저크제어는 제동제어핸들 단 사이의 전기신호 크기의 변화를 부드럽게 하여 승객
의 승차감을 확보해 준다.

3) 저어크제어 기능(Jerk Control Function)
- 제동제어기 지령은 Step패턴으로 되어 있다.
- Step패턴이 제동력으로 작용되면 핸들의 위치가 변환될 때마다 열차에 충격이 발생된다.
- 따라서 저크제어는 제동제어 핸들 단 사이의 전기신호 크기의 변화를 부드럽게 하여 승
객의 승차감을 확보해 준다.

예제 다음 중 HRDA형 제동장치에서 제동 제어기의 지령이 스텝 패턴으로 되어 있어서 핸들의 위치가 변화할 때마다 열차에 충격이 발생하는 것을 방지하기 위해서 제동 제어 핸들 단 사이의 전기 신호 크기의 변화를 부드럽게 하여 승객의 승차감을 향상시키는 기능으로 맞는 것은?

가. 제동 패턴 발생 기능 　　　　　　 **나. 저어크 제어기능**

다. 인쇼트 기능 　　　　　　　　　　 라. 급동 기능

해설 저어크 제어기능은 핸들 위치가 변화할 때마다 열차에 충격이 발생하는 것을 방지하기 위해서 제동 제어핸들단 사이의 전기 신호 크기의 변화를 부드럽게 하여 승객의 승차감을 향상시키는 기능이다.

4) 일괄교차제어(Cross Blending)

　(회생&공기)

　－ M차와 T차를 2개의 유니트로 하여 만들어진 제동패턴신호와 비교하여 아래와 같이 제어

　① 회생제동력 > 제동패턴: 모두 회생제동력 사용

　② 회생제동력 < 제동패턴: 부족분을 공기제동사용

　③ M차(구동차)에서 발생되는 → 회생제동력

　④ T차에서 발생되는 → 공기제동력

　⑤ 회생제동력이 줄어들면 M차에 〈회생+공기〉

　⑥ 회생제동력이 없어지면　　　　〈공기+공기〉

5) 히스테리시스(Correction Circuit of BC Pressure Hysteresis)보정회로(지연방지)

　BC압력의 지연을 방지해 준다. 전공변환변(EPV)과 중계변(RV)에 의해 생성되는 BC압력의 히스테리시스를 보정하는 역할을 한다(BC압력의 지연방지역할을 해준다).

6) 인쇼트기능(Inshort Function)

　회생제동이 소멸되어 공기제동으로 전환될 경우 공기제동 체결 지연방지(회생제동이 들어가 있더라도 구동차에는 공기제동에 제륜자까지 공기가 들어가 있다) 및 충격 해소시키는 작용을 한다.

다음 중 제동작용 시 회생제동이 소멸되어 공기제동으로 전환될 때 공기제동 체결 지연 방
지 및 충격을 해소하는 기능으로 맞는 것은?

가. 인쇼트 기능   나. 일괄교차 제어기능

다. 제동패턴 발생기능   라. 히스테리시스 보정기능

인쇼트 기능에 대한 설명이다.

5. EPV(Electric Pneumatic Change Valve: 전공변환밸브)

- 상용제동 시 제동 전자제어 유니트(EOD)로부터 제동지령으로 전류를 공급받아
- 전자변의 자력을 형성시켜 급기변을 열어 공급공기용(SR)으로부터 공급받은 공기 압력을
- 복식역지밸브(DCHV)를 거쳐 중계밸브에 공급
- D복식역지변(DCHV): 상용제동과 비상제동을 비교하여 높은 압력을 들여 보내는 기능을 한다.

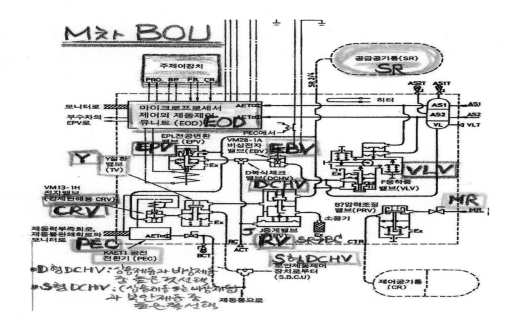

예제 다음 중 HRDA형 제동장치에서 전자변의 자력을 형성 급기변을 열어 상용제동 시 공급 공기통으로부터 공급된 공기 압력을 복식 역지 밸브를 거쳐 중계밸브에 공급하는 제어밸브로 맞는 것은?

가. Y절환밸브(TV)

나. 공전변환기(PEC)

다. 압력조정밸브(CRV)

라. 전공변환밸브(EPV)

해설 전공변환밸브(EPV)에 대한 설명이다.

예제 다음 중 EOD 전기지령 값이 700mA일 때 전공변환밸브(EPV)의 출력 공기압력으로 맞는 것은?

가. $5.48 \pm 0.15 kg/cm^2$

나. $4.52 \pm 0.15 kg/cm^2$

다. $1.56 \pm 0.15 kg/cm^2$

라. $7.48 \pm 0.15 kg/cm^2$

예제 다음 중 HRDA형 제동장치에서 상용제동 시 제동 전자 제어 유니트로부터 제동 지령으로 전류를 공급받아 전자변의 자력을 형성 급기변을 열어 공급 공기통으로부터 공급된 공기압력을 복식역지 밸브를 거쳐 중계밸브에 공급하거나 완해 작용 시 작용 공기를 배기구로 배출하는 제어밸브는?

가. 공전변환기(PEC)

나. 압력조정밸브(CRV)

다. Y 절환밸브

라. 전공변환밸브(EPV)

해설 전공변환밸브(EPV)는 상용제동 시 제동 전자 제어 유니트로부터 제동 지령으로 전류를 공급받아 전자변의 자력을 형성 급기변을 열어 공급 공기통으로부터 공급된 공기압력을 복식역지 밸브를 거쳐 중계밸브에 공급하거나 완해 작용 시 작용 공기를 배기구로 배출하는 제어밸브이다.

예제 다음 중 공전전환기(PEC)의 제동불완해 감지지령선이 가압되는 조건으로 틀린 것은?

가. 주차제동이 체결되지 않았을 때

나. ATC 제동이 체결되지 않았을 때

다. 비상제동이 체결되지 않았을 때

라. 상용제동이 체결되지 않았을 때

예제 다음 중 공전전환기의 기능으로 보기 힘든 것은?

가. 인쇼트기능

나. 제동불완해 지시

다. 제동력 부족 감지

라. 제동통 압력 신호 전송

해설 공전전환기(PEC)의 기능

① 제동불완해 지시   ② 강제완해   ③ 제동력 부족 감지   ④ 제동통 압력 신호 전송

예제 다음 중 공전전환기가 제동력 부족을 감지하고 3.5초가 경과하여도 제동통 압력이 부족하거나 감속도가 설정치보다 낮을 경우 비상제동을 체결되게 하는 것은?

가. ELBR

나. EBRSR

다. EBAR

라. ATCEBR

해설 EBAR에 대한 설명이다.

* EBAR(Aux. Relay for Emergency Brake: 비상제동보조계전기)

6. 중계밸브(RV)

- 중계밸브는 상대적으로 적은 양의 제어공기압력을 이에 상당하는 작용공기압력으로 공급 (SR공기의 양을 증폭시켜서 BC공기로 바꾸어준다)
- J형 중계변은 D복식역지변(DCHV)으로부터 공급받은 제어공기압력에 의해 미리 대기하고 있는 공급공기통(SR)의 압력공기를 S복식역집변을 통하여 제동통으로 공급하여 제동을 체결한다.

7. 비상제동전자밸브(EBV: Emergency Brake Valve)

- 비상제동 전자밸브는 전원이 차단되면 공기를 공급하는 OFF형 전자밸브이다.
- 비상선(32선)의 전원이 차단되면 응하중밸브에서 공급받은 압력공기를 D형 복식역지변(DCHV)을 통하여 중계변으로 압력공기공급. 비상제동전자변이 무여자가되면 VLV(응하중밸브)에서 응하중제어를 한다. EOD를 통해서 응하중 제어를 하는 것이 아니다.
- 그러나 상용제동의 경우에는 EOD에서 제동제어를 하지 응하중제어에 의한 제동제어는

하지 않는다.

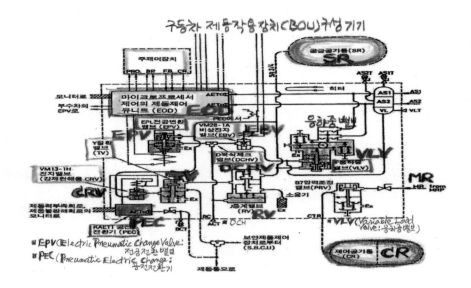

다음 중 비상제동전자변(EBV) 및 응하중 밸브의 작용에 관한 설명으로 틀린 것은?

가. 응하중 밸브에서 공급받은 공기압력을 중계변에 공급한다.

나. 비상선(32) 차단 시 비상제동전자변을 여자시킨다.

다. 응하중 밸브는 SR 공기압력을 차량 중량에 비례해 증감시켜 EBV에 대기시킨다.

라. 비상제동전자변은 OFF형 전자밸브이다.

비상선(32)의 전원이 차단되면 응하중 밸브에서 공급받은 압력공기를 D형 복식역(DCHV)을 통하여 중계변으로 압력공기를 공급한다.

다음 중 2개의 차측 사이의 속도차가 설정된 한계치를 초과하면 제동에 작용하고 있는 제동통 공기를 배기시키는 장소로 맞는 것은?

가. 압력제어변   나. Y 절현변

다. 압력조정변   라. J 중계변

압력제어변에 대한 설명이다.

8. 응하중밸브(VLV: Varaible Load Valve)

– 공급공기통(SR)로부터 공급받은 공기압력을 그때의 차량 중량에 따라 증감시켜 비상제
동전자밸브(EBV)에 항상 대기 상태로 공급한다. EBV 소자 시 압력공기 공급

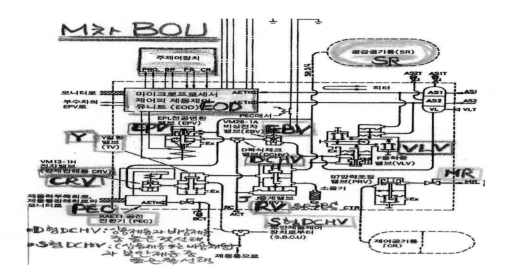

9. Y절환밸브(TV: Transfer Valve)

– 평소에는 중계변에서 제동통으로 공급되는 제동작용 압력공기를 통과시키는 통로 역할
– 제동지령이 없는 상태에서 중계변과 제동통 사이에 제동작용 압력공기가 잔류하고 있을 때,
– 운전실의 강제완해스위치(CPRS) 작용에 의한 강제완해전자변(CRV)으로부터 공급된 주
공기(SR공기)의 작용으로 배기밸브를 열어 잔류 압력공기를 대기로 배출하여 제동통의 공
기를 강제로 완해하는 작용

예제　다음 중 HRDA형 제동장치에서 제동불완해 시 CPRS를 취급하면 강제완해 전자변이 여자되
고, 강제 완해 전자변이 여자되면 BC를 배기하는 곳으로 맞는 것은?

가. Y절환밸브(TV)　　　　　　　　나. 압력조정밸브(CRV)

다. 전공변환밸브(EPV)　　　　　　라. 공전변환기(PEC)

해설　CPRS: Compulsory Release Switch
　　　① Y절환밸브(TV)는 HRDA 제동장치에서 제동불완해 시 CPRS를 취급하면 강제완해 전자변이 여자되고,

② 강제완해 전자변이 여자되면 BC를 배기하는 역할을 한다.

예제 다음 중 HRDA형 제동장치 중 상용제동 완해 시 BC 압력이 대기로 배기되는 밸브는?

가. Y절환밸브

나. 압력제어밸브

다. J형 중계밸브

라. 전공변환밸브

해설 J형 중계밸브에서 상용제동 완해 시 BC 압력이 대기로 배기된다.

예제 다음 중 보기의 설명에 대한 기기로 맞는 것은?

평소에는 중계변에서 제동통으로 공급되는 제동 작용 압력공기를 통과시키는 통로 역할을 제동 불완해 시 강제 완해 스위치를 취급하면 강제 완해 전자변으로부터 공급된 공기의 작용으로 배기밸브를 열어 잔류 BC 압력을 배기하는 기기

가. EPV

나. Y 절환밸브

다. 강제 완해 전자변

라. PEC

해설 Y 절환밸브(TV)는 평소에는 중계변에서 제동통으로 공급되는 제동 작용 압력공기를 통과시키는 통로 역할을 제동 불완해 시 강제 완해 스위치를 취급하면 강제 완해 전자변으로부터 공급된 공기의 작용으로 배기밸브를 열어 잔류 BC 압력을 배기하는 기기이다.

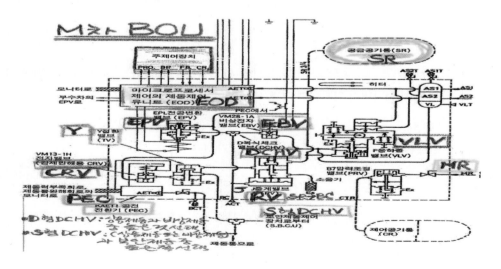

10. 강제완해전자변(CRV: Compulsion Release Valve)

- 운전실에서 작용된 강제완해스위치(CPRS)의 작용에 의해 CRV가 여자된다.
- 대기하고 있는 공급공기통(SR) 압력공기를 절환변으로 보내 Y절환변의 배기밸브를 동작시켜 남아 있는 압력공기를 강제 완해하는 작용을 한다.

예제 다음 중 HRDA형 제동장치에 관한 설명으로 틀린 것은?

가. 제어장치(EOD)는 구동차(M, M')용 제동작용 장치함 내에 설치되어 있다.

나. 강제 완해 전자밸브(CRV)는 제동불완해 검지 시 강제 완해 스위치를 취급하면 EOD 지령에 의해서 여자한다.

다. 비상제동 전자 밸브(EBV)는 여자 시 비상제동 작용 공기를 생성하여 비상제동을 체결하도록 한다.

라. EPV는 EOD에서 지령하는 전류의 세기에 비례하여 작용공기를 생성하여 공기제동 압력을 생성한다.

해설 나. 운전실에서 작용된 강제완해스위치(CPRS)의 작용에 의해 CRV가 여자되면 대기하고 있는 공급공기통(SR) 압력공기를 절환변으로 보내 Y절환변의 배기밸브를 동작시켜 남아 있는 압력공기를 강제 완해하는 작용을 한다.

다. 비상제동은 전기지령회로 단선이나 회로고장 등 안전을 고려한 상시여자 방식의 Fail Safe System을 채용하고 있으며 비상제동 작용 시에 인통지령선(31, 32선)이 무가압되어 비상제동 전자 밸브(EBV)가 소자되면 비상제동 작용 공기를 생성하여 비상제동이 체결된다.

예제 다음 중 제동불완해 발생 시 강제완해 스위치를 취급하면 동작되는 전자변의 명칭은?

가. VLV

나. EBV

다. ScBV

라. CRV

해설 제동불완해 발생 시 강제완해 스위치(CPRS)를 취급하면 제동불완해가 발생된 차량의 강제완해전자변(CRV)을 여자시켜 제동통의 제동고이를 배기시키고, 운전실 제어대에 강제 완해 중임을 표시한다.

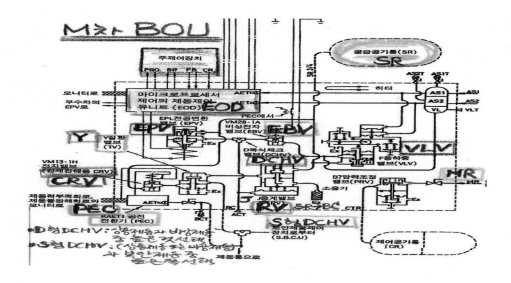

11. S형 DCHV (Double Check Valve: D복식체크밸브)

- BOU함에서 공급되는 제동작용압력공기(상용제동 또는 비상제동)와
- 보완제동 유니트에서 공급된 보안제동 작용 압력공기를 받아
- 압력이 높은 쪽으로 압력공기흐름을 허용하여 제동통으로 압력공기가 공급되게 한다.

예제 다음 중 공급공기통(SR)압력공기를 S복식역지변을 통해 제동통으로 공급하여 제동을 체결 하게 하는 장소로 맞는 것은?

가. 전공변환변　　　　　　　　　　나. Y절환변

다. 중계밸브　　　　　　　　　　라. S 복식역지변

해설 중계밸브에서 공급공기통(SR) 압력공기를 S 복식역지변을 통해 제동통으로 공급하여 제동을 체결한다.

예제 다음 중 HRDA형 제동장치에서 상용제동, 비상제동과 보안제동을 선택하는 복식역지변은?

가. S 복식역지밸브　　　　　　　나. DR11-1 복식역지변

다. D 복식역지밸브　　　　　　　　라. AE4102 복식역지변

S 복식역지밸브에 대한 설명이다.

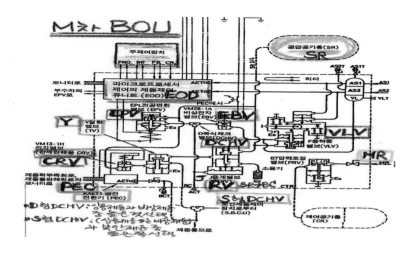

12. 공전전환기(PEC: Pneumatic Electronic Changer, 공기압력을 전기신호로 바꾸어 주는 기기)

– 제동통 압력을 전기신호로 변환하여 모니터 회로에 전송하고
– 제동 불완해 및 제동력 부족 발생 시 입력된 신호와 비교하여 다음과 같은 신호를 모니터 장치에 전송한다.

(1) 제동불완해 지시(비상, 상용 등 제동이 들어가 있으면 제동불완해되는 것이 당연)
  ① 비상제동이 체결되지 않았을 때
  ② 상용제동이 체결되지 않았을 때
  ③ ATC제동이 체결되지 않았을 때
  ④ 보안제동이 체결되지 않았을 때

(2) 강제완해("강제완해 취급을 해라!" "취급 중이다" 현시해 준다)
  – 제동불완해가 발생된 상태에서 강제완해스위치(CpRS)를 취급하면 강제완해 지령선이 인통되어 제동불완해가 발생된 차량의 강제완해전자변(CpR)을 여자시켜 제동통의 압력을 배기시키고, 운전실 제어대에 강제완해 중임을 표시한다.

(3) 제동력 부족 감지

- 제동력 감지 지령선(IsB)은 다음과 같은 조건 하에서 여자되어 비상제동이 동작되도록 한다.
- 상용 7단제동이 체결되었을 때 제동력 부족을 감지해 준다.
- ATC제동이 체결되었을 때(계전기 ATCSBR이 여자된다) 제동력 부족을 감지해 준다.

(4) 제동통압력신호의 전송

- 공전전환기는 제동통압력을 감지하고, 제동통압력을 아날로그전기 신호로 만들어 항상 모니터로 전송한다.
- 기관사는 각 차량의 제동작용관계를 모니터로 확인할 수 있고 제동통압력도 확인할 수 있다.

예제 다음 설명에 해당하는 HRDA형 제동장치 기기의 명칭으로 맞는 것은?

중계변 출구의 공기압력(BC)을 전류의 양으로 전환시키고 모니터 제어기기에 전송하며 제동력 부족과 제동 불완해를 감지하고 강제완해용 전자변을 제어한다.

가. 전공변환밸브(EPV) 나. 공전변환기(PEC)

다. 압력조정밸브(CRV) 라. Y전환밸브(TV)

해설 공전변환기(PEC)는 중계변 출구의 공기압력(BC)을 전류의 양으로 전환시키고, 모니터 제어 기기에 전송하며 제동력 부족과 제동불완해를 감지하고 강제완해용 전자변을 제어한다.

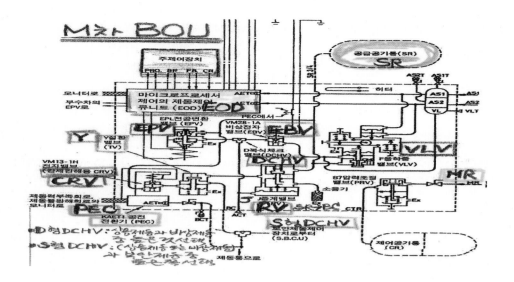

예제 다음 중 공전전환기(PEC)의 기능 중 제동 완해 후 제동통 압력이 설정치를 초과하면 제동불완해가 발생한 것으로 인지하여 모니터 장치에 제동 불완해 신호를 전송하는 시한은?

가. 3.5초   나. 1.2초

다. 1.3초   라. 5.0초

예제 다음 중 공전전환기(PEC)의 작용으로 모니터에 전송하는 경우에 해당하지 않는 것은?

가. 제동력부족 신호   나. 강제완해 신호

다. 제동불완해 신호   라. 제동통 압력

해설 강제완해 신호는 모니터에 전송하지 않는다.

13. 활주방지 제어장치(Anti-Skid Control Equipment)

- 차륜의 활주나 공전을 방지하기 위한 장치
- 4개의 차축에 있는 센서에 의해 각 차축의 속도를 검지하여
    (1) 감속도가 설정치를 초과하거나
    (2) 어떠한 2개의 차축 사이의 속도 차가 설정된 한계치를 초과하면
- 앤티스키드 장치가 대차의 압력제어변(Pressure Control Valve: Dump Valve)을 제어하여
- 제동에 작용하고 있는 제동통공기를 배기시킨다.

예제 **다음 중 활주 방지 제어장치 설명으로 틀린 것은?**

가. 압력 제어변을 제어하여 제동통 공기를 배기시킨다.

나. 2개 차축의 센서에 의해 각 차축의 속도를 감지한다.

다. 차륜의 활주나 공전을 방지하기 위한 장치이다.

라. 차륜과 레일 사이의 점착력이 생기면 제동 작용에 필요한 공기를 재투입시킨다.

해설 활주 방지 제어장치는 4개의 차축에 있는 센서에 의해 속도를 감지한다.

[활주·공전이란?]

① 활주: 제동 시 차륜과 레일 간의 점착력 부족으로 레일에서 미끄러지는 현상

② 공전: 역행 시 차륜과 레일 간의 저착력 부족으로 레일에서 헛바퀴가 도는 현상

③ 차량 출력이 강력하고, 중량이 가벼울 경우에는 공전 현상이 발생할 확률이 높아진다.

④ 슬립 슬라이드 현상이 발생하게 되면 마찰력이 줄어들게 됨에 따라 (최대정지마찰력>운동마찰력) 차륜이 돌게 되는데 이러할 경우 휠 답면의 손상이 발생한다. 이는 작게는 승차감 저하부터 윤축이나 대차 프레임의 피로 균열, 심하면 차륜이나 대차 프레임의 파손으로 인한 대형사고까지 일으킬 수 있다.

제3절 HRDA제동시스템별 제동작용

1. 상용제동 작용(회생제동 + 공기제동)

[상용제동 작용절차]

◑ 제동제어기 동작 → EOD제동지령 → EPV에서 공기력으로 전환 → D복식역지밸브 → 중계밸브 → S복식역지밸브 → Y절환밸브 → 제동통 → 제동체결

- EOD: Electronic Operating Device: 제동제어장치
- EPV(Electric−Pneumatic Change Valve): 전공전환밸브
- MCU(Master Control Unit:) 주제어 장치

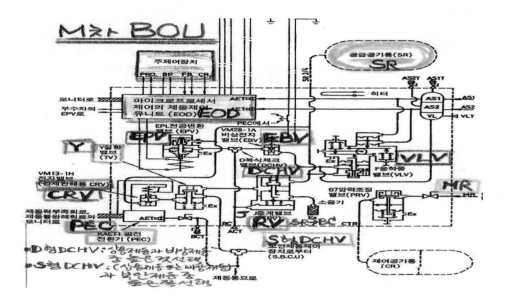

2. 상용제동 작용(회생제동 + 공기제동)

(1) 구동차 회생제동 우선체결

(2) 부족분에 대하여 부수차의 공기제동력으로 보충

(3) 회생제동력의 감소에 따라 구동차의 공기제동이 작용된다.

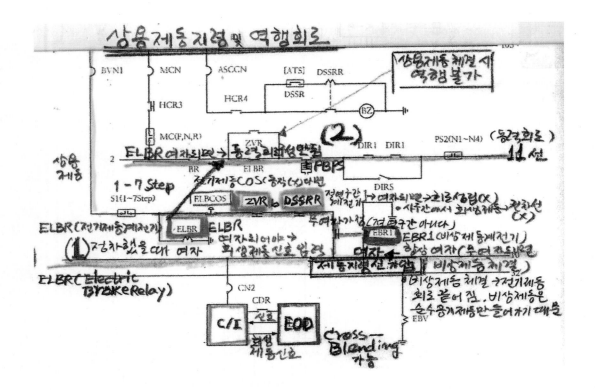

예제 다음 중 상용제동 취급 시 동력운전을 차단하는 계전기는?

가. ELBR
나. DSSRRZVR
다. EBAR
라. EBR1

예제 다음 중 회생제동을 수동으로 개방하는 스위치로 맞는 것은?

가. EPANDS
나. ELBCOS
다. EBCOS
라. EGCS

해설 ELBCOS는 회생제동을 수동으로 개방하는 스위치이다.
*ELBCOS(Electric Brake Cut-Out Switch: 회생제동 개방스위치)

예제 다음 중 상용제동 취급 시 회생제동이 체결되는 조건이 아닌 것은?

　가. ZVR(정지속도 계전기)　　　　　　나. ELBCOS(회생제동 개방 스위치)

　다. DSSRR(절연구간 검지 보조계전기)　**라. EBR1 소자**

해설 EBR1 계전기는 32선에 연결되어 비상제동 체결 시 회생제동이 동시에 체결되지 않도록 되어 있다.

예제 다음 중 전동열차가 절연구간 진입 시 기관사가 상용제동 취급을 하여도 회생제동이 체결되지 않도록 하는 것은?

　가. DIR1　　　　　　　　　　　　　나. ELBR

　다. DSSRR(절연구간 검지 보조계전기)　라. ZVR

해설 DSSRR에 대한 설명이다.

예제 다음 중 HRDA형 제동장치로 운행 중 회생제동 OFF 조건이 아닌 것은?

　가. ELBCOS 취급 시　　　　　　　　**나. 5km/h 이상 시**

　다. 비상제동 취급 시　　　　　　　　라. 절연구간 검지 시

해설 10선(회생제동 지령선)이 가압되는 회로상에 ZVR(b) 연동으로 5km/h 이하에서는 ZVR이 여자하여 10선을 무가압시키므로 회생제동이 작용하지 않도록 되어 있다.

예제 다음 중 과천선 VVVF 전기동차 일부 차량 회생제동 불능 원인으로 맞는 것은?

　가. CIN 차단 시　　　　　　　　　　**나. CN2 차단 시**

　다. CN3 차단 시　　　　　　　　　　라. CN1 차단 시

해설 10선(회생제동지령선)이 가압되었으나 CN2 차단 시 10선과 TCU 와의 연결이 끊기므로 해당 차량 회생제동이 불가능하다.

3. 공기제동회로

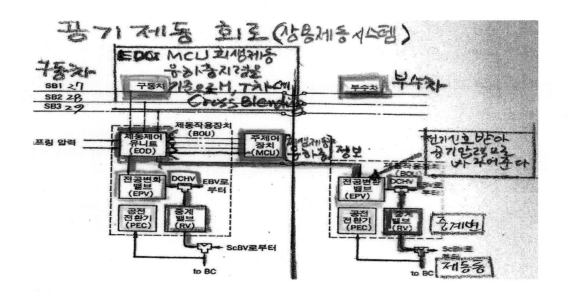

4. 비상제동

1) 비상제동회로

- 전기지령회로 단선이나 회로고장등 안전을 고려한 상시여자 방식의 고장안전 시스템 (Fail-Safe System)을 채용하여 비상제동 작용 시에 무가압되어 비상제동이 체결된다.
- 비상제동 인통 지령선은 각 차량의 비상전자변(EBV)에 연결되어 있어 인통지령선(31선, 32선)이 어떠한 원인에 의하여 단선되면 전 차량에 비상제동이 자동적으로 작용된다.
- ATC비상 지령, ATS비상 지령, 열차분리, 주공기 압력저하(MRPS동작), 비상제동 스위치 (EBS1,2) 취급, 기관사 운전경계장치(DSD)동작, 구원운전 조작스위치(RSOS)의 오조작으로도 체결된다.
- 비상제동루프 회로가 끊어진다. 그래서 비상제동이 체결이 된다.
- 비상제동 시에는 순수한 공기제동만 작용하고
- 회생지령선의 무가압으로 회생제동은 작용하지 않는다.

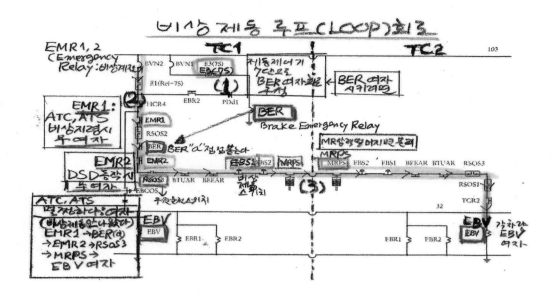

비상제동 루프(LOOP)회로

다음 중 VVVF제어 전동차에서 비상제동이 체결되어 완해가 되지 않을 경우 취급하는 스위치로 맞는 것은?

가. MRPS

나. PBPS

다. CPRS

라. EBCOS

EBCOS는 비상제동이 체결되어 완해가 되지 않을 때 사용하는 스위치이다.

다음 중 HRDA 제동장치의 비상제동 전자변의 약호는?

가. CRV

나. EMV

다. ScBV

라. EBV

HRDA 제동장치의 비상제동 전자변(EBV: Emergency Brake Valve)

다음 중 VVVF 제어 전기동차의 비상제동에 관한 설명으로 틀린 것은?

가. 열차분리, 주공기압력 부족 시 자동으로 체결된다.

나. 상시 여자방식의 Fall-Safe System이다.

다. 비상제동 인통지령선은 32, 33선이다.

라. 순수한 공기제동만 체결된다.

해설 비상제동 인통지령선은 31, 32선이다.

예제 다음 중 HRDA형 제동장치에서 비상제동을 체결할 때 동시에 회생제동이 체결되지 않는 이유로 맞는 것은?

가. EBR1 소자   나. EBR1 여자

다. ELBR 소자   라. ELBR 여자

해설 EBR1 소자로 인해 비상제동 체결 시 회생제동은 동시에 체결되지 않는다.

예제 다음 중 HRDA형 제동장치에서 비상제동이 체결되지 않는 경우는?

가. DSD 동작   나. 열차분리

다. ATC/ATS 비상지령   라. EBV 여자

해설 EBV, EBR1, 2는 상시 여자되어 있다가 소자되었을 때 비상제동이 체결된다.

예제 다음 중 제동제어기 핸들 삽입 시 비상제동 LOOP 회로를 구성시키는 BER 계전기가 여자되는 조건의 위치는?

가. 제동핸들 1단 위치   나. 제동핸들 7단 위치

다. 제동핸들 비상 위치   라. 제동핸들 완해 위치

해설 제동핸들 7단 삽입 시 비상제동 LOOP회로를 구성시키는 BER 계전기가 여자된다.

예제 다음 중 HRDA형 제동장치의 비상제동 체결 조건과 관련이 없는 것은?

가. EBCOS 취급

나. BVN2 차단

다. 제동제어기 비상제동위치

라. EBS 취급

해설 비상제동이 체결되어 완해가 되지 않는 경우 EBCOS를 취급하면 비상제동을 강제로 완해시키는 역할을 한다.

예제 다음 중 HRDA형 제동장치에서 안전루프 회로를 구성하기 위해 7스텝을 선택하면 BER 계전기가 여자되어 비상제동을 해방하고 나서는 제동핸들을 이동해도 비상이 걸리지 않는 이유로 맞는 것은?

가. BER에 의해 자기유지

나. EBR2에 의해 자기유지

다. EMR1에 의해 자기유지

라. EMR2에 의해 자기유지

해설 EBR2에 의하여 자기회로를 구성하기 때문이다.

예제 다음 중 HRDA형 제동장치의 EBCOS를 취급 시 비상제동이 해방되는 경우로 맞는 것은?

가. HCRN 트립

나. BVN2 트립

다. EBS2 동작

라. 자동제어기 비상제동 위치

해설 EBS2 동작 시 EBCOS를 취급하면 비상제동이 해방된다.

예제 4호선 전기동차의 EBCOS 취급 시 비상제동이 완해되는 경우가 아닌 것은?

가. 후부운전실 BVN 차단 시

나. 전부운전실 BVN 차단 시

다. MR 압력 부족 시

라. EB2선 단선 시

해설 EBCOS는 비상제동이 풀리지 않는 경우 응급처치에 가장 요긴하게 사용되는 스위치로서 다음과 같은 경우에 취급하여 강제로 비상제동을 풀리도록 한다.
① MR 압력 부족 시(6.5 kg/cm² 이하)
② 전·후부 EBS 취급 후 복귀 불능 시

③ 후부운전실 ES 'S' 위치 시

④ 전·후부 PBN 차단 후 복귀 불능 시

⑤ 후부 BVN 차단 후 복귀 불능 시

예제 다음 중 HRDA형 제동장치를 장착한 차량으로 운행 중 비상제동 체결 시 EBCOS를 취급하여 비상제동을 강제완해 하려고 할 때 비상제동이 완해되지 않는 경우는?

가. 전부운전실 EBS 취급 후 복귀 불능 시

나. 전부 RSOS 오조작 후 복귀 불능 시

다. DSD 불량으로 비상제동 체결 후 복귀 불능 시

라. 전부 HCRN 트립 후 복귀 불능 시

해설 전부 HCRN 트립 후 복귀 불능 시 EBCOS를 취급하여도 비상제동은 해방되지 않는다.

2) 운전자 경계장치(DSD)

(1) 열차속도 5km/h 이하,

(2) 역행 및 타행 운전 중 DSD를 누른 상태,

(3) 상용 제동 1단-7단 취급 시(3조건 중 하나의 조건만 맞으면)

① DSDR여자되어 그 연동에 의해

② EMR2 계전기가 여자되고

③ 비상제동 LOOP회로 구성한다.

– DSD동작 후 ("안전운행합시다!!"경고 방송 나오고)

5초(5초 동안 제동취급하지 않거나 또는 DSD를 누르거나 하지 않으면) 후에 DSDR이 소자되어 즉시 비상제동이 체결된다.

§ZVR 여자(5km/h 이하)시는 비상제동이 체결되지 않는다.

예제 다음 중 운전자 경계장치(DSD) 동작 후 비상제동이 체결되는 시한으로 맞는 것은?

가. 10초   나. 3초

다. 5초   라. 6초

해설 DSD 동작 후 비상제동이 체결되는 시한은 5초이다.

3) 비상제동 보완기기

(1) ATSCOS

- ATS 구간 운전 중 ATS 비상지령, ATS장치 고장이 발생하면 ATSEBR여자되어 비상제동이 체결된다.
- 이때 ATS 복귀 불능 및 ATS 장치 고장 시 관제사 승인 후 ATSCOS를 차단하여 비상제동을 완해한다.

(2) ATCCOS

- ATC구간 운전 중 ATCN ATCPSN이 차단된 경우
- 또는 속도초과로 자동 7Step 제동 작용 중 감속도 부족(3초 이내 2.4m/h/s 이하),
- ATC차상장치 고장으로 비상제동이 체결된다.
- 이때 비상제동을 완해시키기 위하여 관제사의 승인을 받고 ATCCOS(ATC개방스위치)를 취급하면 비상제동이 완해된다.

(3) EBCOS(비상제동개방스위치)

EBCOS는 언제 취급해야 하는가?

① DSD 불량으로 비상제동체결 후 복귀 불능 시
② 주공기(MR)압력 부족으로 비상제동체결 시
③ 전, 후부 운전실 EBS 취급 후 복귀 불능 시
④ 전, 후부 운전실 RSOS(구원운전스위치) 오 조작 후 복귀 불능 시

- 이때 EBCOS(비상제동개방스위치)를 취급하면 비상제동이 완해된다.
- 기타 보안제동및 주차제동은 KNORR와 동일

예제 다음 중 HRDA형 제동장치에서 운행 중 비상제동이 체결되는 경우 확인하여야 할 차단기가 아닌 것은?

가. HCRN   나. BVN2
다. MCN   라. BVN1

해설 MCN은 비상제동이 체결되는 경우 확인해야 할 사항과 무관하다.

1. 4호선 VVVF 전동차 구원장치(HRDA)

차량 고장으로 구원연결 시 4호선 VVVF 전기동차 상호 간뿐만 아니라,

① 기존의 모든 지하철 전기동차와 구원연결하거나

② 또는 디젤기관차에 견인될 경우에도

③ 구원열차 및 고장열차 상호 간에 원활한 제동작용이 이루어져서

④ 안전을 확보하기 위한 장치가 구원작용장치이다.

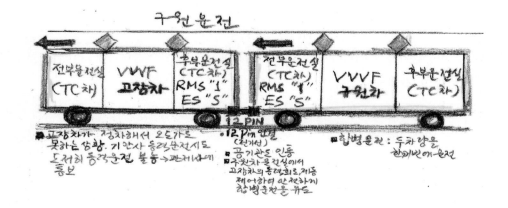

1) 구원운전 취급 기기

(1) 구원운전 취급 기기

  1. 연결기 공기마개

  2. 12JP선 연결

  3. 공기 코크

  4. 103선 연결케이블

(2) 4호선 RMS(Rescue Mode Select Switch: 구원운전 모드 스위치)

  − 1위치: VVVF 전기동차 상호 구원운전 시 선택하는 위치(고장열차도VVVF, 구원열차도
    VVVF일 때 1위치)

  − 2위치: VVVF 전기동차가 AD저항제어차를 구원운전할 경우

  − 3위치: 디젤기관차가 VVVF 전기동차를 구원운전할 경우

  − 4위치: AD저항제어차가 VVVF 전기동차를 구원운전할 경우

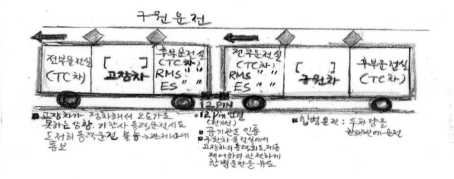

예제 다음 중 4호선 RMS(구원 운전 모드 선택 스위치)의 위치로 잘못된 것은?

가. 1위치: VVVF 전기동차 상호 구원 운전 시

나. 2위치: VVVF 전기동차 AD저항 제어차를 구원하는 경우

다. 3위치: 디젤기관차가 VVVF 전기동차를 구원하는 경우

라. 4위치: AD저항 제어차가 디젤기관차를 구원하는 경우

해설 4위치: "AD저항제어차가 VVVF전기동차를 구원운전 할 경우"이다.

예제 다음 중 VVVF 제어 전기동차와 구원운전이 가능한 차량이 아닌 것은?

가. 디젤기관차   나. 객차 및 화차

다. VVVF 제어 전기동차   라. 저항제어차

해설 객차 및 화차는 VVVF 제어 전기동차로 구원운전이 불가능하다.

예제 다음 중 VVVF 제어 전기동차에서 12JP선에 포함되지 않는 것은?

가. 175선(인터폰)　　　　　　　　나. 10선(회생제동)

다. 103선(제어전원)　　　　　　라. 32선(비상제동)

해설 103선은 제어전원이다.

예제 다음 중 HRDA 제동장치를 장착한 과천선 전동차에서 구원운전 시 RSOS의 위치가 아닌 것은?

가. 저항차가 VVVF 전동차를 구원

나. VVVF 전동차가 저항차를 구원

다. VVVF 전동차가 디젤기관차를 구원

라. VVVF 전동차가 VVVF 전동차를 구원

해설 [구원운전 스위치(RSOS)]

① VVVF → 저항차 위치: 저항차에 구원을 주는 위치

② 저항차 → VVVF 위치: 저항차로부터 구원을 받는 위치

③ 정상위치

④ VVVF ↔ VVVF 위치

⑤ D/L → VVVF 위치: 디젤기관차로부터 구원받는 위치

예제 다음 중 RSOS를 'VVVF ↔ VVVF'로 취급 후 구원운전 시 구원차에 승차한 기관사의 조치사항으로 틀린 것은?

가. ATS/ATCCOS 취급　　　　　**나. DILPN 회로차단기 차단**

다. 공기마개 제거　　　　　　　라. 제동시험

해설 고장차 후부운전실의 DILPN을 OFF한다.

(3) ES(Emergency Switch: 비상스위치)

- K (저항차)위치: AD 저항제어차와 구원운전할 경우
- N(정상)위치: 상시 단독운전시, 비상제동 풀기 불능으로 구원운전할 경우
- S(VVVF & CHOPPER차)위치: VVVF차 동력운전불능으로 구원운전할 경우

[구원요구는 크게 2가지 유형]

(1) 비상제동이 풀리지 않아서 운전을 못하는 경우

(2) 동력운전 불가능한 경우

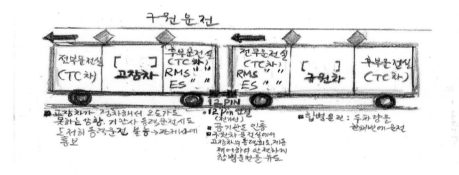

2) 구원연결 시 제동작용(HRDA)

[4호선 VVVF차 동력운전 불능(고장차)으로– 4호선VVVF차가 구원운전(구원차)시]

(1) 연결 후 운전취급

① MR 관통, 12Pin Jumper 연결(MR관 관통: 상용제동이나 비상제동에 상응하는 공기가 고장차에 들어가 주어야 한다. 총 12개의 전기선이 연결되어야 한다(동력선, 상용제동선(27,28,29선 등 포함), 방송선)

② 마주보는 운전실의 ES "S" 위치 취급 RMS "1"취급(구원차의 전부운전실, 고장차의 후부운전실)

③ Buzzer 및 승무원 연락 방송 시험(전기선이 제대로 되었는지 Buzzer도 눌러보고, 방송시험("목소리 잘 들려요?")도 해보고. 잘 연결되었으면 12 Pin이 정상적으로 연결되었구나!)

④ 고장차, 구원차 BS 7 스텝 위치에서 안전루프회로 구성(구원차와 고장차의 최초 구원스텝을 BS 7 스텝으로 하면 서로 비상제동이 완해된다)

⑤ 고장차, 구원차제동시험(구원차기관사가 제동1–7단 취급 시 구원차에제동 1–7단이 들

어가는지, 또한 고장차의기관사도 똑같은 과정을 거쳐 시험해 본다)

⑥ 구원차 ATS(ATC)COS 개방, 고장차는 정상위치

⑦ 구원차에서 운전취급(동력운전및 제동)원칙

⑧ 운행 시 고장차의 DMS는 "ON"위치(기관사가 계속 누르고 있어야),   MS(전후진스위치: 주간제어스위치)는 '전진' 위치, 제동핸들은 완해

예제 다음 중 4호선 VVVF 전기동차의 동력운전이 불능인 조건에서 4호선 VVVF 전기동차가 구원 시 운전 취급에 관한 설명으로 틀린 것은?

가. 구원차 ATS(ATC)COS 개방

나. 고장차, 구원차 제동제어기 7단에서 안전 루프회로 구성

다. 마주보는 운전실 ES 'S' 위치, RMS '2' 위치

라. 구원차, 고장차 제동시험

해설 마주보는 운전실 ES 'S' 위치, RMS '1' 위치
RMS: Rescue Mode Selector Switch

예제 다음 중 12점퍼선 종류가 아닌 것은?

가. 175선

나. 108선

다. 145선

라. 176선

해설 [12점퍼선 종류]
① 10선: 회생제동 작용선
② 31, 32선: 비상제동 LOOP선
③ 27, 28, 29선: 상용제동선
④ 33선: 보안제동선
⑤ 100선: 접지선
⑥ 145선: 출입문등 점등선
⑦ 164선: 승무원 연락 부저
⑧ 175, 176선: 차내 방송선

(2) ES 'S'(VVVF & CHOPPER차)위치로 취급 시 조건

　−ES는 다음 조건이 모두 만족된 경우에만 S위치로 취급하여 사용 할 수 있다.

　① 동력운전 불능으로 구원운전하는 경우(만약에 비상제동 완해구원운전 시 S위치로 하면 비상제동이 안 풀린다)

　② 12 Pin Jumper 선이 연결된 경우(전기선이 모두 연결되어야 S위치로 해야 의미가 있다)

　③ 고장차 및 구원차의 서로 마주 보는 운전실차에서 취급.

　④ 고장차 및 구원차 모두 제동핸들 7스텝 위치에서 안전루프회로 구성(구성한 다음에 상용제동 취급해 보는 등 검사한다)

　⑤ 합병운전시 고장차MS는 'F'위치로 하고, 운행 중 DMS는 ON을 눌러 주어야 한다.

　− 위의 조건 중 하나라도 만족되지 아니하면 비상제동이 체결되어 오히려 정상운행에 방해가 된다.

(3) 연결 후 합병 운전 시 작용

　− 합병운전시 동력운전과 제동 취급은 구원차에서 하는 것이 원칙

　① 구원차 및 고장차의 전부운전실에서 상용제동 취급 시 구원차 및 고장차 모든 차량에 상용제동이 체결(ES스위치S위치, RMS 1번 위치에서 12 Pin Jumper 선 등이 제대로 연결된다면)

　② 구원차 및 고장차의 전부운전실 또는 후부운전실에서 비상제동 취급 시 구원차 및 고장차 모든 차량에 비상제동이 체결

　③ 구원차 및 고장차의 전부운전실 또는 후부운전실에서 ATS(ATC)에 의한 비상제동, EBS(비상제동스위치) 취급, MRPS 동작 등 모든 비상제동체결 동작 시 구원차 및 고장차 모든 차량에 비상제동이 체결

　④ 구원차 및 고장차의 전부운전실 또는 후부운전실에서 보안제동 취급 시 구원차 및 고장차 모든 차량에 보안제동이 체결된다.

　⑤ 구원차 및 고장차 모두 정차제동(구원운전 시 원활한 제동작용을 위해서)은 체결되지 않는다.

2. 4호선 VVVF차 비상제동해방 불능으로 VVVF차가 구원운전시

1) 4호선VVVF차가 구원운전(구원차)시

(1) 연결 후 운전 취급

① MR관통, 12 Pin Jumper 연결

② 고장차SR 코크개방(지금 고장차는 비상제동이 걸려 있다. 기관사가 아무리 노력해도 비상이 안 풀린다. 고장차 공기관인 SR 코크를 개방하면 공기가 전부 빠져 비상제동이 풀린다)

③ ES "N"위치 RMS '1"(VVVF차끼리 서로 합병운전이므로) 위치

④ 승무원 연락 방송 시험

⑤ 구원차 및 고장차ATS(ATC)COS 개방 후 25km/h 이하 주의 운전(Pull-Out 운전 시: 그림처럼 뒤에서 밀 경우) (왜? 25km/h 이하 주의 운전? 고장차SR코크 모두 개방해서 위험하므로 최대한 저속도로 운전해야)

⑥ 고장차만ATS(ATC)COS 개방 후 주의운전(Pull-in 운전 시: 구원차가 고장차의 앞으로 와서 고장차를 끌고 가는 방식)

⑦ 구원차에서 운전 취급(동력운전 및 제동)원칙

1) 후부에서 밀 경우(Push-out운전)

VVVF ⟷ VVVF

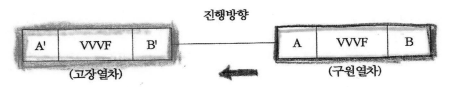

진행방향 ←

A' VVVF B' (고장열차) — A VVVF B (구원열차)

2) 앞에서 견인할 경우(Pull-in운전)

진행방향 ←

A VVVF B (구원열차) — A' VVVF B' (고장열차)

조작기기 \ 구분	Push – out운전				Pull – in 운전			
	VVVF(고장)		VVVF(구원)		VVVF(구원)		VVVF(고장)	
	A'	B'	A	B	A	B	A'	B'
동력운전 (구원차만 가능)	×	후부	○	후부	○	후부	×	후부
상용제동	○	-	○	-	○	-	○	-
비상제동(제동핸들에 의한) 제동핸들 2개 빼어옴 후부(X)	○	-	○	-	○	-	○	-
비상제동(차장변에 의한) 취급스위치(EBS)	○	○	○	○	○	○	○	○
제동핸들취급위치	ALL	-	ALL	-	ALL	-	ALL	-
구원운전스위치(RSOS)취급위치 (마주보는 운전실)	정상	VVVF	VVVF	정상	정상	VVVF	VVVF	정상
ATC/ATS에 의한 비상제동	○ 고장제거	-	차단	-	○	-	차단	-
ATC상용제동(7단)	○	-	○	-	○	-	○	-

● 4호선 RMS(Rescue Mode Select Switch: 구원운전 모드 스위치)

1위치: VVVF 전기동차상호 구원운전 시 선택하는 위치

  (고장열차도VVVF, 구원열차도VVVF일 때 1위치)

2위치: VVVF 전기동차가 AD저항제어차를 구원운전할 경우

3위치: 디젤기관차가 VVVF 전기동차를구원운전할 경우

4위치: AD저항제어차가 VVVF 전기동차를 구원운전할 경우

(2) ES 'S'위치로 취급 금지(취급해서는 안 된다)

- 고장차 비상제동 해방불능으로 안전루푸회로가 개방되어 있으므로,
- ES를 'S' 위치로 취급해서는 안 된다.
- ES를 'S'위치로 취급하면 구원차도 비상제동이 걸리게 된다(못가게 된다. ES는 N위치로 설정해 주어야 한다).

(3) 12JP(Jump)선 연결

12Jump 선 기능

Pin No.	RSOS(Rescue Operating Switch: 구원운전 스위치)	
	선번호	기능
1	100x	접지
2	27x	상용제동1
3	28x	상용제동2
4	29x	상용제동3
5	32x	비상제동
6	33x	보완제동
7	145	출입문 DS접점선
8	31x	비상제동
9	10x	회생제동지령
10	164x	연락용 부저
11	175	인터폰
12	176	인터폰

(4) 공기 코크

- 연결 후 공기 코크는 반드시 개방하여야 한다.
- VVVF차와 연결 시는 MR관개방하고(VVVF차는 MR관 밖에 없다)
- 103선 연결케이블은 12JP선과 같이 적재되어 있으며(같이 연결해 주어야 한다) 103선 차단(제동제어기취거, Pan하강) 후 연결하여야 한다.

(5) 103선 연결케이블

- 103선 연결케이블은 12JP선과 같이 적재되어 있으며(같이 연결해 주어야 한다)
- 103선 차단(제동제어기취거, Pan하강) 후 연결하여야 한다.

2) HRDA 구원제동 회로 취급[과천선VVVF ↔ 과천선VVVF]
(1) [과천선VVVF ↔ 과천선VVVF]

① 후부에서 밀 경우
② 앞에서 견인할 경우

(2) [과천선VVVF ↔ 4호선VVVF]

가) VVVF차가 후부에서 추진 경우(Push-out운전)

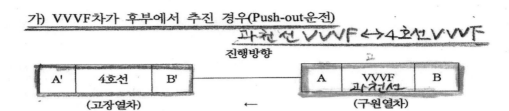

나) 4호선이 후부에서 추진 경우(Push-out운전)

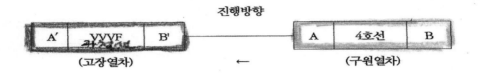

구 분 조작기기	VVVF차에 의한 Push-out 운전				4호선에 의한 Push-out 운전			
	4호선 고장		VVVF구원		VVVF고장		4호선 구원	
	A' 전부	B' 후부	A	B	A	B	A'	B'
동력운전	×	-	O	-	×	-	O	-
상용제동	O	-	O	-	O	-	O	-
비상제동(제동핸들에 의한)	O	-	O	-	O	-	O	-
비상제동(차장변에 의한) EBS	O	O	O	O	O	O	O	O
제동핸들취급위치	ALL	-	ALL	-	ALL	-	ALL	-
구원스위치(RSOS) 취급위치 (서로 마주보는 운전실)	정상	RMS:1 ES:vvvf 쵸파	vvvf 4호선 맞추어	정상	정상	vvvf 4호선	RMS:1 ES:vvvf 쵸파	정상
ATC에 의한 비상제동	O	-	O	-	O	-	O	-
ATC상용제동(7단)	O	-	O	-	O	-	O	-

4호선: RMS:1
(2개) ES:VVVF 위치

예제 다음 중 VVVF ↔ VVVF 제어 전기동차 구원운전 시 고장차에 승차한 기관사의 조치사항에 관한 설명으로 틀린 것은?

가. RSOS 소정의 위치로 절환   나. 12JP 잠바선 연결

다. MR관 연결 후 콕크 개방   **라. 후부운전실 ATS/ARC 차단**

해설 고장차 후부운전실 DILPN OFF, 구원차 전부운전실 ATC, ATS 차단

3) 과천선 구원운전 스위치 (RSOS: Rescue Operating Switch)

   4호선에서는 RMS, ES를 해당 위치에 놓는다.

(1) 정상운전 시

  – 정상운전 시에는 RSOS를 정상(N)위치에 두고 운전하고,

  – 구원운전할 경우에는 구원운전 시 위치를 소정의 위치로 절환하여 BEER(Brake Emergency Extension Relay: 비상제동연장계전기) 및 BTUR(Brake Translating Unit Relay: 제동중계계전기)을 여자시켜 제동회로를 구성하여 제동을 취급한다.

(2) 구원운전 스위치(RSOS)는 5개의 위치

  ① 'VVVF–저항차' 위치: 저항차에 구원을 주는 위치

  ② '저항차–VVVF' 위치: 저항차로부터 구원을 받는 위치

  ③ 정상위치

  ④ 'VVVF–VVVF'

  ⑤ 'D/L–VVVF' 위치: 디젤기관차로부터 구원받는 위치

  – 서울교통공사 VVVF차량은 RMS(구원모드 선택스위치) 및 ES(비상스위치)를 해당 위치에 놓아야 한다.

제동중계장치(B.T.U.): Brake Translating Unit

  – 열차운행 중 차량고장 등으로 인하여 합병운전시 사용하는 지동장치로서

  – HRDA형이 SELD형이나 디젤기관차와 합병 시 제동작용이 가능하도록 하는 장치

  – TC차에 설치되어 있다.

제동체결전자변(AV)

  – 압축공기를 직통관(SAP)에 공급하거나, 제동중계기에 의해 생성된 제어지령에 의한 압력을 중첩시킨다.

제동완해전자변(RELV)

  – 직통관(SAP) 공기를 배기시키거나, 제동중계기에 의해 생성된 제어지령에 의한 압력을 중첩시킨다.

압력스위치(BPS)

— BP의 감압을 감지하기 위하여 전기지령식 전동열차의 비상제동지령선을 차단시킨다.

비상전자변(CGEV)

— 전기지령식 전동열차에서 비상제동지령 시 토출변(VV)을 작동시킨다.

비상토출변(VV)

— SAP/BP지령열차에 비상제동을 체결 시, 비상전자변의 무여자에 따라 BP공기를 대기로 배출시킨다.

제3장

KNORR 제동장치
─4호선 VVVF전기동차 제동방식으로 사용─

제1절 ## KNORR 제동장치 개요

KNORR제동장치는 HRDA형 제동장치와 더불어 VVVF전동차의 대표적인 제동장치이다.

1. KNORR 작용방식

① 전공변환(전기를 공기로 변환)제동제어 장치는 기관사의 제동취급 또는 제동지령시 제동
   지령선을 통하여 제동장치에 요구제동력이 지령되면

② 승객량에 따른 응하중값과 유도전동기에 의한 회생제동력을 함께 연산하여 필요한 공기
   제동력 지령

③ M─T차를 한 개 Unit으로 Cross Blending 제어를 하여 회생제동을 최대로 사용하고

④ 공기제동을 최소화(M차에는 회생제동이 나오고, T차(부수차)에는 공기제동이 나오고,
   회생제동이 부족하면 M차의 공기제동도 같이 들어간다)

2. KNORR의 특징과 기능

- 제동장치와 제동취급, 고장 등 모든 정보가 운전실의 Monitor화면(TGIS)을 통하여 실시간 제공

- 기존의 상용제동, 비상제동, 보안제동에 정차제동 기능이 추가되어 열차가 경사진 역에서 정차 후 출발 시 발생할 수 있는 RollBack현상을 방지

- 일부 차량에서 제동불완해가 발생한 경우에는 BCPS를 통하여 고장을 감지하며, 운전실에서 신속완해스위치(EBRS)를 취급(제동불완해: 기관사가 제동취급을 했는데, 일부차량에서 제동공기가 빠져나가지 않아 제동이 걸려있는 상태)

- BCPS(BC Pressure Switch): BC안의 공기압력 감지, 고장이 검지가 되면 기관사가 EBRS를 취급하면 강제로 제동통에 남아 있던 공기를 외부로 배출시키게 된다.

예제 다음 중 KNORR 제동장치 혼합제동 시 전기제동력이 최대로 작용할 때 제동통에는 공기제동력이 작용하지 않을 정도의 초입 압력을 유지시켜 전기제동 OFF 시 공주거리를 줄여주는 기능을 제동초입기능이라고 하는데 이때 T차 제동통에 들어가는 압력으로 맞는 것은?

가. 0.8 kg/cm²

나. 0.5 kg/cm²

다. 0.7 kg/cm²

라. 0.3 kg/cm²

해설 T차: 0.5 kg/cm², M차: 0.3 kg/cm²의 초입압력을 유지시켜 전기제동 OFF 시 공주거리를 줄여준다.

1. 제동제어기(Brake Controller)

[전기 접점과 역할]

(1) SS1 — SS7 접점: 상용제동선가압(27선, 28선, 29선)

(2) E1 — E3 접점: 비상제동 및 완해

(3) S1 접점: 동력운전회로 차단

(4) S2 접점: 축전기ON/OFF(배터리 접촉기 BatK동작)

(5) S4 접점: 상용7단 제동 시 제동력부족 감지지령선가압

(6) S5 접점: ATC 지령속도초과 시 확인(ATC확인제동)

(7) S6 접점: 속도기록계표시

(8) S7 접점: ATS 제한속도 초과 시 확인

(9) S8 접점: 구원운전시 비상제동회로 구성

(10) S9 접점: 운전실 선택회로구성(HCR, TCR여자)

(11) D1 접점: DMS에 의한 DMTR 여자회로구성

(12) D2 접점: 발전제동 회로 구성

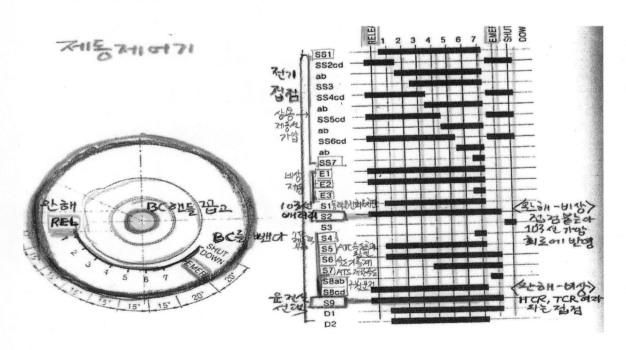

SS1~SS7 접점 : 상용제동선 가압(27선, 28선, 29선)

제동핸들 Step별 제동코드

선번호 \ STEP	완해	오단제동 1단	제동 2단	제동 3단	제동 4단	제동 5단	제동 6단	제동 7단	비상	취거
27선	가압 X	O		O		O		O	상용제동선관 연결(X)	X
28선	가압 X		O	O			O	O	-	-
29선	가압 X				O	O	O	O	-	-

■ 상용제동은 회생제동과 함께 들어가 작용
■ 비상제동은 순수공기제동만 들어감으로 상용제동과 맞물리지 않는다

2. 제동작용장치(BOU: Braking Operating Unit)

- 공기제동용 기기들이 있는 모듈(Module)(BOU함이 차량 하부에 설치됨)
- ECU(제동제어장치): BOU함이 외부에 존재

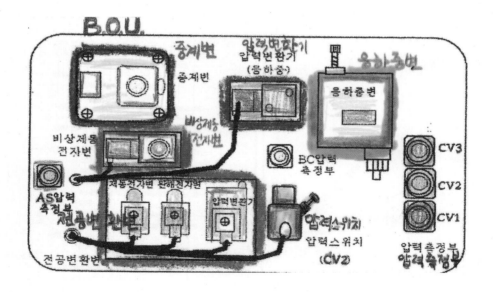

3. 전공 변환변

- 제동제어장치(ECU)로부터 제동지령신호(Ucharge)가 입력되면
  → Cv1공기가 만들어진다. → CV1은 Ucv로 변환 → ECU에서 지령값과 Feedback신호 값
  을 비교하여 제어

(1) 제동작용

[1단계]

① ECU로 부터 제동지령신호(UCharge)가 입력되면

② 전공전자변이 여자

③ 밸브 브라켓트가 열려 SR공기가 유입

④ Cv1 공기가 만들어짐

[2단계]

① Cv1공기는 입력변환기에서 제어압력변환기 신호(Ucv)로 변환되어

② 다시 ECU로 피드백된다.

[ECU]

ECU에서는 지령값과 Feedback신호값을 비교하여 제어

■ 제동작용 시

■ Ucharge 〉 Ucv

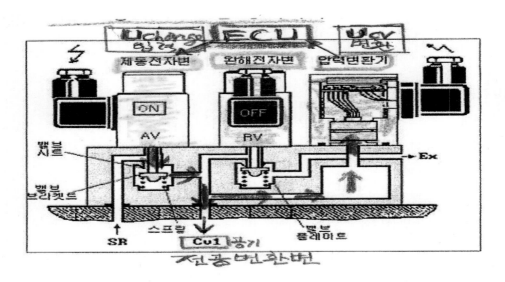

(2) LAP작용

　① ECU에서 제동지령신호와 Feedback 전압신호인 제어압력변환기(Ucv)를 비교하여

　② 같은 값이 되면 제동지령신호가 Off되어

　③ Cv1값은 LAP 상태 유지

■ Ucharge = Ucv

(3) 풀기(완해)작용

　① 제동핸들을 풀기(완해)위치로 하면 지동지령 신호는 0이 되어

　② 제어압력변환기 신호(Ucv)가 더 큰 값이 되므로 완해 전자변이 여자

■ Ucharge < Ucv

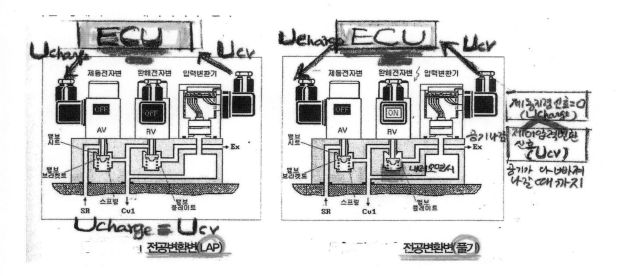

4. 비상제동 전자변(EMV: Emergency Brake Magnetic Valve)

  – 상시제어 방식(항상 여자되어 있다가)으로 제동핸들 비상위치나 안전루프회로 개방 시

  – 무여자되어 비상제동체결 [CV:제어압력공기]

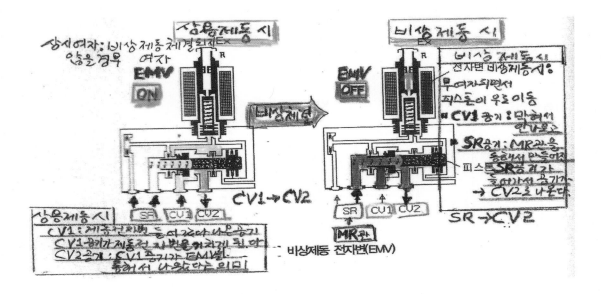

5. 응하중변

- 하중검지장치(Leveling Valve)의 출력인 AS(Air Spring)압력이 유입되어 승객 하중에 비례하는 제동력 제어

(1) 상용제동, 정차제동
- 응하중 출력을 입력변환기에서 전압신호로 변환하여 제동제어장치를 통해 응하중 작용

(2) 비상제동 시
- 응하중변을 적용시켜 응하중 작용

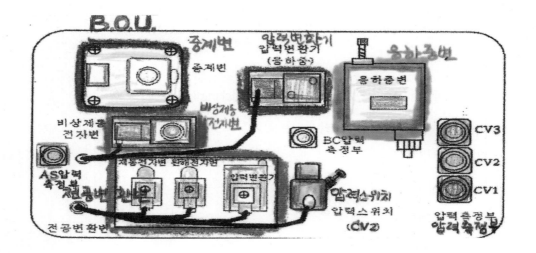

[응하중변 상용제동 비상제동- 제동력 발생 절차]

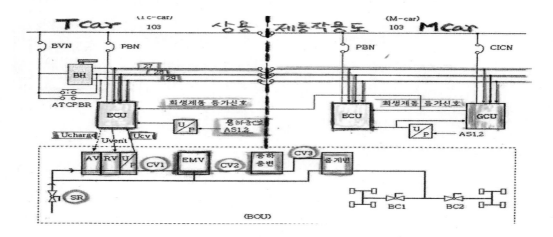

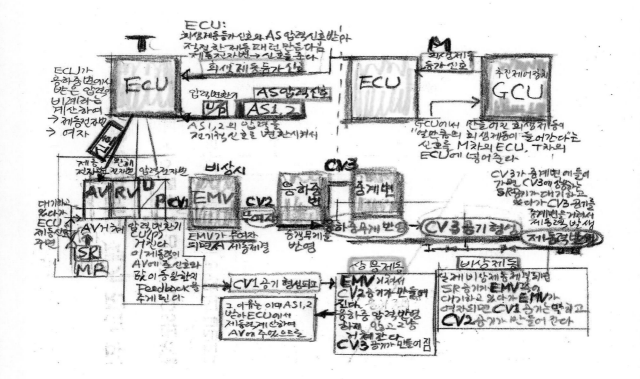

6. 중계변

    ① 응하중변을 통과한 CV3 제어압력의 크기에 비례하여

    ② SR공기를 변환시켜

    ③ 제동통에 공급(공기의 유량을 증폭)

7. 압력스위치

    ① 비상제동 시 제어압력(CV2)의 작동상태를 제동제어장치(ECU)에 전송

    ② 제어압력이 안 나오면 ECU에 알려서

    ③ ECU로 하여금 AV에 신호를 주어 제동력 재조정 필요

    ④ Set값은 6.5kg/cm^2

8. 압력변환기

    – 공기압력을 전기신호로 변환하는 방식

– 압력변환기는 전공변환변 내의 압력변환기를 의미

① 전공변환변에 있는 압력변환기

② 응하중압력용AS 압력신호좌측의(U/P)에 위치: 0−8kg받아서 2−10V로 변환하여 ECU에 보낸다.

③ SAP압력용(저항차에피견인시 압력변환기 작용): 구원운전 즉, 고장 시 두 개의 열차를 합쳐서 운전할 때 사용

④ BP압력용(기관차에 피견인시 압력변환기 작용): 구원운전시 사용

– 정상차에서 제동취급을 하면 그 제동력에 맞게끔 고장차에도 제동력이 들어갈 수 있게 한다.

– 압력변환기는 해당 압력을 전기신호로 바꾸어 주게 된다.

9. 보안제동 전자변

① 보안제동스위치 취급 시

② 보안감압변에서 $4.0kg/cm^2$으로 조정된 압력공기를

③ 복지역지변을 경유하여 제동통으로 보내어 준다.

10. 복식역지변

(1) DR11-1형 복식역지변

① 상용제동, 정차제동과 비상제동 작용공기는 A측으로부터 공급되고,

② 보안제동작용공기는 B측으로 공급되는데

③ A,B가 각각 입력되었을 때 압력 차에 의해 한 쪽만 선택되어 C측으로 연결된다.

④ C측은 제동통으로 연결되어 있다.

(2) AE4102형 복식역지변

– 주차제동과 상용제동, 비상제동, 보안제동 또는 정차제동이 동시에 적용되지 아니하도록 방지

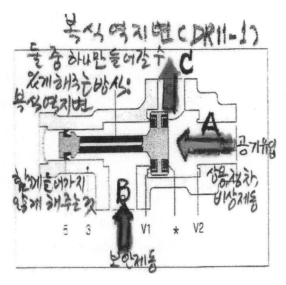

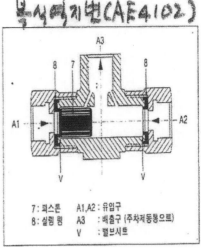

11. 활주방지변(Dump Valve)

- 활주방지변은 제동제어장치의 제어에 의하여 제동통 압력을 제어하는 기기

- 차륜과 레일 간의 점착력부족 시 제동통압력을 배기시켜 차륜의 고착방지, 차륜 답면찰상(Flat: 차륜이 깎이게 된다) 방지 및 최적 유효 점착력 이용으로 제동거리를 단축

- 차축의 속도를 검출하여 기준 속도를 산출하고 이를 각 차륜의 상태(속도차, 슬립률 및 감속도차)와 비교한 후 Dump Valve를 작동시켜 제동통 압력을 제어(배기 (공기 뺐다가), 균형유지, 충압(다시 집어넣음))

- 제동제어장치에서 제동 불완해(완해를 했는데도 불구하고 일부 차량에 제동이 그대로 남아 있다)를 검지한 경우에 운전실의 EBRS(강제완해) 스위치를 취급하면 강제로 Dump Valve를 동작시켜서 제동통 공기를 원격으로 배기

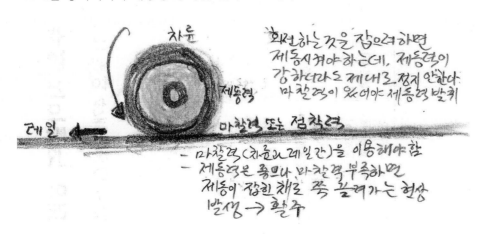

12. 주차제동 전자변(IMV)

– 주차제동 전자변(IMV)은 제동전자변과 완해전자변이 하나의 몸체로 되어 있다.

– 운전실의 주차제동 완해 스위치를 취급하면 완해 전자변이 여자하여 주차 제동통에 압력공기를 공급하여 주차제동을 풀어준다(공기완해). 제동통에 압력공기를 넣어주어 제동되는 다른 제동과는 반대이다.

– 주차제동 스위치를 취급하면 제동 전자변이 여자하여 주차제동통의 압력공기를 배기시켜 (S: 배기구) 주차제동체결(스프링 체결)

예제 다음 중 KNORR 제동장치의 주차제동 체결 시 동력운전을 차단시키는 계전기는?

가. BER
다. SBR

나. PAR
라. BEAR

해설 주차제동을 체결하면 동력운전을 차단하는 계전기는 PAR이다.

제3절 제동제어장치(ECU: Electric Brake Control Unit)

– 제동제어장치(ECU)는 각 차량의 제동작용장치와 활주방지장치의 제어(활주방지장치는 ECU에서 제어해주고 제동통에 있는 공기를 활주방지변에서 빼준다)

– 제동력 제어는 제동기준신호에 의해 BOU의 전공변환변에서 제어압력(CV)을 생성시켜 중계변에서 제어압력에 상당하는 제동통압력을 출력

– CV1 → CV2 공기가 만들어지고, 응하중 압축기를 거치면 CV3가 만들어지면서 결국에는 제동통으로 들어가게 된다.

– 활주방지장치는 제동작용장치의 제어와는 별개로 Dump Valve에 의해 활주가 발생하는 대차당 제동통 압력을 신속하게 낮추어 주므로(공기를 뺀다) 낮은 점착조건 하에서도(미끄러지기 쉬운 조건) 제동거리를 최소화

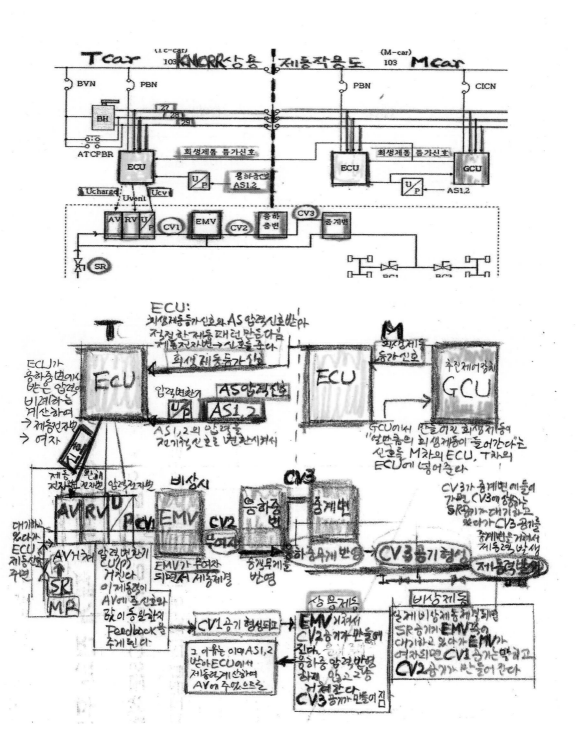

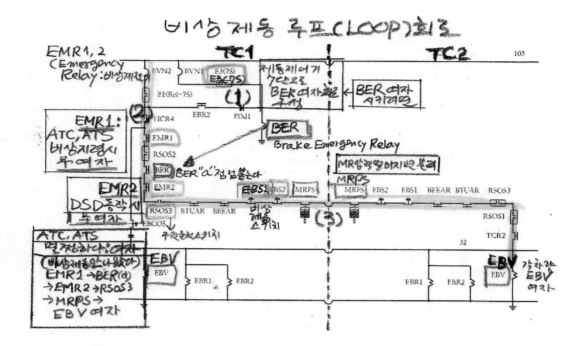

제4장

제동장치 핵심주제 요약

제1절　제동개요

1. 제동장치의 종류

1) 동작원리에 의한 분류

① 기계적인 제동장치: 수동제동, 공기제동(현재 사용), 진공제동, 전자제동 등

② 전기적인 제동장치: 발전제동, 회생제동

2) 마찰력 발생기구에 의한 분류

① 답면제동: 구동차에 사용

② 디스크 제동: 차축 또는 차륜에 장착된 원판(Disk)에 제륜자 압착(부수차)

③ 드럼 제동: 차축 또는 차륜에 장착된 원통(Brake Drum)을 제륜자로 압착

④ 레일(Rail) 제동: 제륜자를 레일에 압착시키거나 또는 전자력에 의하여 흡착

3) 조작방법에 의한 분류

① 상용 ② 비상 ③ 보안 ④ 주차 ⑤ 정차제동

2. 기초제동장치

1) 답면 제동장치

레진 제륜자 사용, 1차륜에 제동통 1개(1대차에 4개 제동통)

제동력 전달: 제동통 → 제동레바 → 제륜자hook → 제륜자head → 제륜자 → 차륜답면

2) Disk 제동장치

제동통 → 제동lever → 제륜자head → Lining → Disk

3. 전기제동

가. 발전제동

나. 회생제동

4. 공기제동

1) 직통공기 제동장치

2) 자동제동장치

3) 전자직통 제동장치

4) 전기지령식 제동장치: MR 공기관만 인통, 전기지령을 공기압력으로 변환

(1) 전기지령식 제동장치의 특징

① 응답성, 제어성, 전기제동과의 혼합, 고속화에 따른 공주시간 단축, 속도-점착 특성에 의한 제동력제어, 제동장치의 소형 경량화 등이 우수

② 제동관(BP)과 직통관(SAP)이 필요 없으므로 신뢰성, 보수성, 경제성이 우수

(2) 전기지령식 제동장치의 장점

① 제동작용이 확실하고 보다 원활

② 제동력 가감을 자유롭게 할 수 있다.

③ 제동제어(제동력 과부족, 응하중제어)는 각 차량이 자체적으로 조절

④ 비상제동은 각 차량이 동시에 자동적으로 신속하게 작용

(3) 전기지령식 제동장치의 종류

① Digital Signal 방식: 3개의 상용제동선을 여자 또는 소자시켜 제동신호 부여

② Analogue Signal 방식: 제동전자장치에서 연산 처리하여 제동출력값 결정

5. 공기압축기 및 부속기기

1) 개요: 8~9(kg/cm²) 약2,000ℓ /min의 공기 생성, 강제 흡입송풍 공냉식

(1) 공기압축기 제원: 구동축 회전수: 1,750 r.p.m

(2) 교류(유도) 전동기: SIV에서 발생된 AC440V(메트로 차량 AC 380V)전원

(3) 나사식(Screw Type: 스크류식)

2) CMG 및 안전변(주공기통압력이 9.7±0.1kg/㎠ 이상이 되면 동작)

3) 공기건조기(제습기) 및 유분리기

4) 자동배수밸브

6. 공기통 및 콕크

가. MR 공기통: 약 300ℓ 정도로 용량이 가장 크며, 자동배수변이 취부되어 있다.

나. SR 공기통: 약 120ℓ 정도이며, 공기압력은 MR공기와 같은 8~9(kg/cm²)

다. SBR 공기통: 보안제동에 사용되는 공기통으로 약 70ℓ 정도

라. CR 공기통: 출입문과 각종 제어기기에 사용되는 공기통 약 50ℓ 정도, 공기압력은 감압변
에 의하여 5(kg/cm²)로 조정

마. 역지변: 압력공기의 역류를 차단, MR관 파열 시에도 공기통의 공기 확보

바. 차단 COCK: MR 콕크처럼 공기의 흐름을 차단하는 콕크이다.

아. 차단토출 COCK: 취급 시 공급을 차단하고, 이미 공급된 공기는 토출

7. 제동의 3작용

가. 제동작용

나. LAP 작용(상실과 하실 공기압력 같은 상태)

다. 완해(풀기) 작용

제2절 HRDA형 제동장치

HRDA형 제동장치의 주요 특징을 살펴보면 다음과 같다.

(1) 비상제동회로는 상시여자선 소자에 의한 방식으로 비상선 차단 시 EBV 소자

(2) 상용제동 지령 시는 공기압력이 작용하지 않는 순수한 전기지령식 제동장치

(3) 상용제동시 구동차의 제동제어유니트(E.O.D)가 부수차의 제동까지 제어

(4) 공주시간이 짧다(비상제동시 약 1초).

(5) 구원열차를 연결하여 운전시 고장열차의 운전실에서도 제동취급이 가능

(6) 차량간에는 주공기통관 1개만 인통된다(제동관이나 직통관은 없다).

1. 장치별 기기 구조 및 주요기능

1) 제동제어기(Brake Controller)

(1) SS1~SS7 접점: 상용제동선 가압(27선<1357>, 28선<2367>, 29선<4567>)

(2) E1~E3 접점: 비상제동 및 완해

(3) S1 접점: 회생제동회로 구성 및 동력운전회로 차단

(4) S2 접점: 축전지 ON/OFF(배터리 접촉기(BatK) 동작)

(5) S4 접점 : 상용제동 및 ATC에 의한 7단 제동취급시 제동력 부족발생시 제동력부족 감지 지령 회로 구성

(6) S5 접점: ATC 지령속도 초과 시 확인(ATC 확인제동)

(7) S6 접점: 제동1–7단 위치 및 비상제동위치에서 속도기록계 표시

(8) S7 접점: ATS 제한속도 초과 시 확인 및 ATS/ATC 절환 취급

(9) S8 접점: 구원운전시 비상제동 복귀회로 구성

(10) S9 접점 : 운전실 선택회로 구성(HCR, TCR 여자)

2) 제동작용장치(B.O.U: Brake Operating Unit)

(1) 제동제어유니트(EOD): 구동차용 차량에만 설치, 상용제동제어만 담당

(2) EPV(전공변환밸브): EOD에서 지령하는 전류 세기에 비례하여 작용공기 생성

(3) 중계밸브(RV): 제동통에 작용하는 공기(BC)를 생성

(4) 응하중밸브(VLV): 비상제동 작용 시 응하중 작용

(5) 비상제동 전자밸브(EBV): 소자 시 비상제동 작용공기를 생성

(6) 강제완해전자밸브(CRV): 제동 불완해 검지 시 강제완해 스위치 취급

(7) Y절환밸브(TV): 강제완해전자변 여자시 BC공기 배기, 제동을 강제로 완해

(8) 공전변환기(PEC): 중계변 출구의 공기압력(BC)을 전류의 양으로 전환

(9) 압력조정밸브(PRV): 주공기압력 제어, 제어공기통(CR)에 충기

(10) D 복식체크밸브(DCHV): 상용 · 비상 제동 작용공기의 통로 결정

3) 제동제어장치(E.O.D: Electronic Operating Device)

(1) 응하중 기능(Variable Load Function)

(2) 제동패턴발생: 제동제어기 단수에 해당하는 제동력과 응하중패턴 신호에 의하여

(3) 저어크 제어기능: 전기신호 크기의 변화를 부드럽게 하여 승객의 승차감 확보

(4) 일괄교차제어(Cross Blending)

(5) 히스테리시스 보정회로: EPV과 RV에 의해 생성되는 BC압력의 히스테리시스 보정

(6) 인쇼트 기능: 공기제동체결 지연방지 및 충격 해소시키는 작용

4) EPV(Electric−Pneumatic Change Valve: 전공변환밸브)

전기지령값(mA) :   300   500   700

2차측 압력(kgf/㎠): 1.56 ± 0.15,   4.52 ± 0.15,   7.48 ± 0.15

5) 중계밸브

상용제동 완해시 BC압력이 대기로 배기, 공급공기통(SR)의 압력공기를 S복식역지변을 통해 제동통으로 공급하여 제동 체결

6) EBV(Emergency Brake Valve: 비상제동전자밸브)

7) 응하중밸브(VLV: Variable Load Valve)

공기스프링 압력 (kgf/㎠ AS)		공급 압력 (kgf/㎠ RV)	
최 소	최 대	최 소	최 대
1.5	3.0	3.0	5.5

8) Y절환밸브(TV: Transfer Valve)

9) 강제완해전자변(CRV: Compulsion Release Valve)

10) S형 DCHV(Double Check Valve): 상용·비상·보안제동 시 각 공기통로 결정

11) 공전전환기(PEC)

(1) 제동 불완해 지시(제동완해 후 5초 경과 시)

　　제동불완해 감지지령선 가압조건: 상용·비상·보안·ATC제동이 체결되지 않았을 때

(2) 강제완해

(3) 제동력부족 감지: 3.5초 경과 시 비상제동 체결 - EBAR(비상제동보조계전기)

　[제동력부족 감지 지령선(IsB) 가압조건 → 비상제동 동작]

　① 상용7단제동이 체결되었을 때

　② ATC제동이 체결되었을 때(계전기 ATCSBR이 여자된다)

　③ 회생제동이 유효하지 않을 때

(4) 제동통압력 신호 전송(아나로그 전기신호)

12) 모니터 제어장치와의 인터페이스

13) 활주방지 제어장치(Anti-Skid Control Equipment): 4개의 차축에 있는 센서

2. 제동시스템별 제동작용

1) 상용제동 작용(회생제동+공기제동)

(1) 상용제동 취급 시 회생제동 체결조건

  ② ELBCOS(정상)-ZVR(b)-DSSRR절연구간검지보조계전기(b)-EBR1(a)

   EBR1은 비상제동 체결시 회생제동이 동시에 체결되지 않도록 되어 있다.

  (2) 상용제동이 체결되면 ELBR 여자로 역행지령선이 차단되어 동력운전이 불가능

  (6) ATC에 의한 상용제동(철-ATCSBR 7단, 서-ATCFBR 6단)

2) 비상제동 작용

비상전자변(E.B.V)은 상시여자 방식, 순수한 공기제동만 작용

(1) 비상제동 회로

  BC 삽입 후 7단에서 BER 여자(자기유지회로 구성)- EBR2

(2) 운전자경계장치(DSD)

  DSD 동작 후 5초 후에 DSDR이 소자로 비상제동 체결

(3) 비상제동 보완기기

  (가) ATSCOS: ATSEBR 여자되어 비상제동 체결

  (나) ATCCOS: 감속도 부족(3초 이내 2.4Km/h/s 이하), 지령운전(45Km/h 이하)

  (다) EBCOS

3) 보안제동 작용(공기제동)

  33선, 압력조정변(PRV)에서 4.0kg/㎠으로 압력 조정

4) 주차제동 작용: 압력공기를 대기로 배출 스프링작용에 의해 동작

  (1) 주차제동 스위치(OV)

  (2) 주차제동 공기압력 스위치(PBPS): 6.0kg/㎠ 이하−역행회로 차단, 7.0 이상−On

  (3) 주차제동통: 앞, 뒤 TC차 전부대차의 2위와 3위 제동통에 설치

  (4) 주차제동 강제완해 기능

    ① 주차제동스위치(OV)를 주차위치

    ② BC전체완해콕크를 차단하여 주차제동통의 압력공기를 완전 배기

    ③ 주차제동 강제완해 손잡이를 당긴다.

    ④ 주차제동이 완해된 것을 2, 3번 디스크를 확인하고 BC전체완해콕크를 복귀

    ⑤ 주차제동스위치를 완해위치로 한다.

3. 구원운전

1) 구원운전시 취급 기기

  (1) 연결기 공기마개

  (2) 12JP(Jump)선 연결: 145(출입문 DS접점선), 175 176(인터폰) 3개선만 연결

  (3) 공기콕크(연결 후 공기콕크는 반드시 개방)

    ① VVF차 연결: MR관, ② 저항차 연결: MR, BP, SAP관의 콕크 개방

    ③ 디젤기관차 연결: BP관 연결, MR 콕크, 무화회송 콕크(역지변) 개방

  (4) 103선 연결케이블: 103선 차단(제동제어기 취거, PAN 하강) 후 연결

  (5) 구원운전스위치(RSOS)

    ① VVVF → 저항차 ② 저항차 → VVVF ③ 정상 ④ VVVF↔VVVF ⑤ D/L → VVVF
    4호선은 RMS(구원운전모드 선택스위치) 및 ES(비상스위치)를 해당위치에 놓아야 한다.

2) 구원제동회로(VVVF↔VVVF)

(1) 구원운전 회로

(가) 비상제동 복귀회로 구성

  RSOS를 해당위치 취급하면 비상제동LOOP회로 구성하여 비상제동이 완해

(나) 제어회로(제동연장: BEER1-5 여자) 구성

  RSOS 접점과 12JP 연결에 의해

(다) 구원준비

① 고장열차에 구원열차 연결 및 각 차의 제동핸들 취거

② 고장차 후부운전실 DILPN OFF, 구원차 전부운전실 ATC, ATS 차단

③ 마주보는 양쪽 운전실의 구원운전스위치를 "VVVF↔VVVF" 위치에 둔다.

④ MR관 연결 후 1지변 콕크 개방 및 12JP 잠바선 연결

⑤ 제동핸들 완해위치(고장차는 7단 위치로 하여 비상제동회로 구성 후 완해)

⑥ 고장차, 구원차 제동시험

(라) 제동작용

상용제동 및 비상제동 모두 전기적 제동지령선에 의해 동작

3) 제동중계장치(B.T.U: Brake Translating Unit): TC차에 설치

(1) 제동중계기(Brake Translating Device)

(가) 상용제동 지령 변환

(나) 비상제동 지령 변환

(다) 제동체결전자변(AV): 압축공기를 직통관(SAP)에 공급

(라) 제동완해전자변(RELV): SAP공기 배기

(마) 압력스위치(BPS): BP압력의 감압을 감지하기 위해, 비상제동지령선 차단

(바) 비상전자변(CGEV): 전기지령식 제동열차에서 비상제동지령시 토출변 작동

(사) 비상토출변(VV): 비상전자변의 소자에 따라 BP공기를 대기로 배출

KNORR 제동장치

1. 개요

정차제동 추가, 주차제동 Push Button 스위치

2. 주요 기기

1) 제동제어기(Brake Controller)

    (1) D1 접점: DMS에 의한 DMTR 여자회로 구성

    (2) D2 접점: 발전제동회로 구성

2) 제동작용장치(BOU: Brake Operating Unit)

3) 전공변환변: 제동전자변(AV), 완해전자변(RV), 압력변환기로 구성

    (1) 제동작용: 제어공기 압력은 0~10(kg/㎠), 전압신호는 2~12(V)로 선형적 변환

    (2) LAP 작용

    (3) 풀기(완해) 작용: PBN 차단 → 제동불완해 발생 → SR cock 또는 대차코크 취급

4) 비상제동 전자변(EMV: Emergency Brake Magnetic Valve)

5) 응하중변

하중	Tc차	M차
공차	2.20kg/㎠	2.10kg/㎠
만차	4.05kg/㎠	3.95kg/㎠

6) 중계변

7) 압력스위치: 비상전자변의 고장여부 판단, Set 값은 6.5 kg/㎠

8) 압력변환기

    (1) 전공변환변용: 0~10 → 2~12

    (2) 응하중압력용: 0~8(kg/㎠) → 2~10(V)

    (3) SAP 압력용: 0~4.5 → 2~6.5

    (4) BP 압력용 : 0~5 (kg/㎠) → 2~7(V)

9) 보안제동 전자변: 4.0(kg/㎠)으로 조정된 압력공기

10) 복식역지변

    1) DR11-1형 복식역지변: 상용 비상 정차 보안제동 선택

    2) AE4102형 복식역지변: 주차 상용 비상 보안 정차제동 선택

11) 차단콕크

12) 활주방지변(Dump Valve)

    차륜의 고착방지, 차륜 답면 찰상(Flat) 방지 및 최적 유효점착력의 이용으로 제동거리 단축,
제동불완해(EBRS-강제완해S)

13) 주차제동 전자변(IMV)

    PBS ON- 제동전자변, PBS OFF- 완해전자변

3. 제동제어장치(ECU: Electric Brake Control Unit): 제동작용, 활주방지 제어

1) 입력신호

    (1) 제동지령 신호: 제동핸들 1~7 step 취급, 순 2진 3비트 신호 입력

    (2) 신속완해 신호: EBRS 취급 → ECU 지령 전달 → 활주방지변 통해 신속완해

    (3) 제동감시 신호: BCPS를 통해 제동력 부족 및 제동 불완해 검지

    (7) 회생제동 등가 신호: 출력 0~98.1(KN)이 GCU로부터 2~12(V)의 등가신호

    (9) 응하중 신호: 평균압력 0~8(kg/㎠)을 압력변환기를 통해 2~10(V)의 Analog

    (13) 제어압력 스위치 신호: 비상제동 전자변 출력 또는 전공변환변 출력 감시

2) 출력신호

전공변환변 제어신호(UCHARGE, UVENT): 제동 지령과 제동 완해신호로 사용

4. 제동제어 SYSTEM

1) Cross Blending(혼합제동): 제동지령 응하중 회생제동 등가신호가 변수

2) Jerk 제어

3) 제동초입(Application Step) 기능: T차: 0.5kg/㎠ / M차: 0.3kg/㎠

4) 급동(Inshot) 기능: 0.08초 동안 비상제동을 지령 초기응답시간을 짧게 하여 주는 기능, 열차속도가 10km/h 이상에서만 작동

5) 고장그룹1: 경미한 고장

   (1) 응하중압력이 공기스프링 파손, 압력변환기 고장 또는 신호선의 단선 등에 의해 공차 시보다 작은 값이 입력되는 경우(고장신호 FLAST)

   (2) 비상제동 시 압력스위치가 6.5(kg/㎠) 이하를 지시하면 비상전자변 고장으로 판단(고장신호 FNOT)

   (3) 비상제동이 지령되지 않았는데도 압력스위치가 6.5(kg/㎠) 이상을 지시하면 압력스위치 고장으로 판단(고장신호 FCVDR)

5) 고장그룹2(고장신호 FRABW): 제어지령과 출력의 오차 ±10% 이상: 전공변환변

5. 상용 제동

상용제동제어 우선순위

① 구동차와 부수차의 공기제동(제동초기)

② 구동차의 회생제동 부족분을 부수차의 공기제동부담

③ 구동차의 회생제동력 및 부수차의 공기제동력 부족시 구동차의 공기제동

④ 회생제도 OFF시 구동차와 부수차 모두 공기제동

6. 비상 제동

－ 비상제동전자변(EMV) 여자, 공기제동만 작용, 감속도는 4.5km/h/s

1) 비상제동 안전 LOOP 회로

① BER회로: 제동핸들 시스템 위치에서 여자

② 안전 LOOP회로: 모든 차량에 연결된 안전루프로 구성

③ BER 자기유지회로

2) DMTR, ATCEBR 여자 회로

(1) DMTR 여자 회로

정차 시, 운행 중 DMS ON 취급 시, 제동 취급 시 여자

(2) ATCEBR 여자 회로

ATCN, ATCPSN 차단 시, 차상장치 고장, 감속도 부족(3초 이내 2.4km/h/s 이하)

(가) 운행 중 전후진 제어기 전환 시 FR2 접점 개방으로 비상제동이 걸린다.

(나) 비상제동이 걸린 후 풀려면 반드시 정차 후(ZVR) 제동핸들 7Step 위치(S4)

3) EBCR 여자 회로

- 운행 중 MR압력 감시, 구원 연결 시 비상제동작용 원활히 함
- EBCR 소자: MR 압력부족, 전후부 PBN 차단 시, 후부 BVN 차단 시

4) 비상제동 보완 기기

(1) ATSCOS: 7스텝에서 비상제동이 풀리게 된다.

(2) ATCCOS: 7스텝에서 비상제동이 풀리게 된다.

(3) EBCOS

- MR압력 부족 시(6.5kg/㎠ 이하)
- 전, 후부 EBS 취급 후 복귀불능 시
- 후부운전실 ES 'S' 위치 시
- 전, 후부 PBN 차단 후 복귀 불능 시
- 후부 BVN 차단 후 복귀 불능 시
- EB2선 단선 시

7. 보안 제동

- 보안감압변에서 4kg/㎠로 조정된 공기가 복식역지변을 거쳐 공급

8. 정차 제동

- 상용전제동의 70%(약 5Step)에 해당되는 제동지령신호 지령

[정차제동이 풀리는 조건 즉, HBR이 가압되는 조건]

① 출력제어기(Power Switch) 취급 시(1N·4N)

② 전, 후부 운전실 ES 'K' 위치 시

③ 전, 후부 운전실 ES 'S' 위치 시

④ Laptop 컴퓨터 연결 시

 - 정차제동 작용 중 제동핸들을 취급하여도 상용 70% 이상의 제동이 작용하지 않지만,

 - 비상제동이 작용되면 정차제동이 소멸되고, 비상제동이 작용한다.

9. 주차 제동

 3.5(kg/㎠) 이하 시 PBPS ON, PAR 여자, 동력운전 회로 차단

10. 제동력부족 검지(조건)

(1) 제동핸들 7step

(2) 회생제동 OFF

(3) 동작 지연시간 2.5초 경과

(4) BCPS OFF 신호(BC압력 1.5kg/㎠ 이하)

11. 제동불완해 검지(조건)

(1) 상용 비상 보안 정차 제동 완해신호(주차만 아님)

(2) 동작 지연시간 5초 경과

(3) BCPS ON 신호(BC압력 1.0kg/㎠ 이상)

12. 신속완해 스위치(EBRS) 동작조건

    (1) 상용 비상 보안 제동 완해신호

    (2) BCPS ON 신호(BC압력 1.0kg/㎠ 이상)

    (3) 열차 정지상태(V=0km/h)

    (4) 전부운전실 EBRS ON 취급(정차제동은 해방)

13. 구원작용장치(R.O.U)

1) 취급 기기

(1) RMS(Rescue Mode Select Switch: 구원운전 모드 선택 스위치)

    (가) 1위치: VVVF 전기동차 ↔ 상호 구원 시 선택하는 위치

    (나) 2위치: VVVF 전기동차가 → AD저항차를 구원운전할 경우

    (다) 3위치: 디젤기관차가 → VVVF차량을 구원운전할 경우

    (라) 4위치: AD저항차가 → VVVF차량을 구원운전할 경우

(2) ES(Emergency Switch: 비상스위치)

    (가) K (저항차)위치: AD저항제어차와 구원운전할 경우

    (나) N(정상)위치: 상시 단독운전 시, 비상제동 풀기 불능으로 구원운전할 경우

    (다) S(VVVF & CHOPPER차)위치: VVVF차 동력운전 불능으로 구원운전할 경우

[국내문헌]

곽정호, 도시철도운영론, 골든벨, 2014.

김경유·이항구, 스마트 전기동력 이동수단 개발 및 상용화 전략, 산업연구원, 2015.

김기화, 김현연, 정이섭, 유원연, 철도시스템의 이해, 태영문화사, 2007.

박정수, 도시철도시스템 공학, 북스홀릭, 2019.

박정수, 열차운전취급규정, 북스홀릭, 2019.

박정수, 철도관련법의 해설과 이해, 북스홀릭, 2019.

박정수, 철도차량운전면허 자격시험대비 최종수험서, 북스홀릭, 2019.

박정수, 최신철도교통공학, 2017.

박정수·선우영호, 운전이론일반, 철단기, 2017.

박찬배, 철도차량용 견인전동기의 기술 개발 현황. 한국자기학회 학술연구발 표회 논문개요집, 28(1), 14−16.
    [2], 2018.

박찬배·정광우. (2016). 철도차량 추진용 전기기기 기술동향. 전력전자학회지, 21(4), 27−34.

백남욱·장경수, 철도공학 용어해설서, 아카데미서적, 2003.

백남욱·장경수, 철도차량 핸드북, 1999.

서사범, 철도공학, BG북갤러리 ,2006.

서사범, 철도공학의 이해, 얼과알, 2000.

서울교통공사, 도시철도시스템 일반, 2019.

서울교통공사, 비상시 조치, 2019.

서울교통공사, 전동차구조 및 기능, 2019.

손영진 외 3명, 신편철도차량공학, 2011.

원제무, 대중교통경제론, 보성각, 2003.

원제무, 도시교통론, 박영사, 2009.

원제무·박정수·서은영, 철도교통계획론, 한국학술정보, 2012.

원제무·박정수·서은영, 철도교통시스템론, 2010.

이종득, 철도공학개론, 노해, 2007.

이현우 외, 철도운전제어 개발동향 분석 (철도차량 동력장치의 제어방식을 중심으로), 2018.

장승민·박준형·양진송·류경수·박정수. (2018). 철도신호시스템의 역사 및 동향분석. 2018.

한국철도학회 학술발표대회논문집, , 46-5276호, 국토연구원, 2008.

한국철도학회, 알기 쉬운 철도용어 해설집, 2008.

한국철도학회, 알기쉬운 철도용어 해설집, 2008.

KORAIL, 운전이론 일반, 2017.

KORAIL, 전동차 구조 및 기능, 2017.

[외국문헌]

Álvaro Jesús López López, Optimising the electrical infrastructure of mass transit systems to improve the use of regenerative braking, 2016.

C. J. Goodman, Overview of electric railway systems and the calculation of train performance 2006

Canadian Urban Transit Association, Canadian Transit Handbook, 1989.

CHUANG, H.J., 2005. Optimisation of inverter placement for mass rapid transit systems by immune algorithm. IEE Proceedings -- Electric Power Applications, 152(1), pp. 61-71.

COTO, M., ARBOLEYA, P. and GONZALEZ-MORAN, C., 2013. Optimization approach to unified AC/DC power flow applied to traction systems with catenary voltage constraints. International Journal of Electrical Power & Energy Systems, 53(0), pp. 434

DE RUS, G. and NOMBELA, G., 2007. Is Investment in High Speed Rail Socially Profitable? Journal of Transport Economics and Policy, 41(1), pp. 3-23

DOMÍNGUEZ, M., FERNÁNDEZ-CARDADOR, A., CUCALA, P. and BLANQUER, J., 2010. Efficient design of ATO speed profiles with on board energy storage devices. WIT Transactions on The Built Environment, 114, pp. 509-520.

EN 50163, 2004. European Standard. Railway Applications - Supply voltages of traction systems.

Hammad Alnuman, Daniel Gladwin and Martin Foster, Electrical Modelling of a DC Railway System with Multiple Trains.

ITE, Prentice Hall, 1992.

Lang, A.S. and Soberman, R.M., Urban Rail Transit; 9ts Economics and Technology, MIT press, 1964.

Levinson, H.S. and etc, Capacity in Transportation Planning, Transportation Planning Handbook

MARTÍNEZ, I., VITORIANO, B., FERNANDEZ-CARDADOR, A. and CUCALA, A.P., 2007. Statistical dwell time model for metro lines. WIT Transactions on The Built Environment, 96, pp. 1-10.

MELLITT, B., GOODMAN, C.J. and ARTHURTON, R.I.M., 1978. Simulator for studying operational and power-supply conditions in rapid-transit railways. Proceedings of the Institution of Electrical Engineers, 125(4), pp. 298-303

Morris Brenna, Federica Foiadelli, Dario Zaninelli, Electrical Railway Transportation Systems, John Wiley & Sons, 2018

ÖSTLUND, S., 2012. Electric Railway Traction. Stockholm, Sweden: Royal Institute of Technology.

PROFILLIDIS, V.A., 2006. Railway Management and Engineering. Ashgate Publishing Limited.

SCHAFER, A. and VICTOR, D.G., 2000. The future mobility of the world population. Transportation Research Part A: Policy and Practice, 34(3), pp. 171-205. · Moshe Givoni, Development and Impact of the Modern High-Speed Train: A review, Transport Reciewsm Vol. 26, 2006.

SIEMENS, Rail Electrification, 2018.

Steve Taranovich, Electric rail traction systems need specialized power management, 2018

Vuchic, Vukan R., Urban Public Transportation Systems and Technology, Pretice-Hall Inc., 1981.

W. F. Skene, Mcgraw Electric Railway Manual, 2017

[웹사이트]

한국철도공사 http://www.korail.com

서울교통공사 http://www.seoulmetro.co.kr

한국철도기술연구원 http://www.krii.re.kr

한국개발연구원 http://www.kdi.re.kr

한국교통연구원 http://www.koti.re.kr

서울시정개발연구원 http://www.sdi.re.kr

한국철도시설공단 http://www.kr.or.kr

국토교통부: http://www.moct.go.kr/

법제처: http://www.moleg.go.kr/

서울시청: http://www.seoul.go.kr/

일본 국토교통성 도로국: http://www.mlit.go.jp/road

국토교통통계누리: http://www.stat.mltm.go.kr

통계청: http://www.kostat.go.kr

JR동일본철도 주식회사 https://www.jreast.co.jp/kr/

철도기술웹사이트 http://www.railway-technical.com/trains/

저자 약력

원제무

원제무 교수는 한양공대와 서울대 환경대학원을 거쳐 미국 MIT에서 도시공학 박사학위를 받고 KAIST 도시교통연구본부장, 서울시립대 교수와 한양대 도시대학원장을 역임한 바 있다. 그동안 대중교통론, 철도계획, 철도정책 등에 관한 연구와 강의를 해오고 있다. 요즘에는 김포대학교 석좌교수로서 도시철도시스템, 전동차구조 및 기능, 운전이론 강의도 진행 중에 있다.

서은영

서은영 교수는 한양대 경영학과, 한양대 공학대학원 도시·SOC계획 석사학위를 받은 후 한양대 도시대학원에서 '고속철도 개통 전후의 역세권 주변 용도별 지가 변화 특성에 미치는 영향 요인 분석'으로 도시공학박사를 취득하였다. 그동안 철도정책, 철도경영, 철도마케팅 강의와 연구논문을 발표해 오고 있다. 현재는 김포대학교 철도경영학과 학과장으로서 철도경영, 철도 서비스마케팅, 도시철도시스템, 운전이론 등의 과목을 강의하고 있다.

전기동차 구조 및 기능 III 저압보조 · 제동장치

초판발행	2020년 9월 25일
지은이	원제무 · 서은영
펴낸이	안종만 · 안상준
편 집	전채린
기획/마케팅	이후근
표지디자인	조아라
제 작	우인도 · 고철민
펴낸곳	(주) **박영사**
	서울특별시 종로구 새문안로 3길 36, 1601
	등록 1959. 3. 11. 제300-1959-1호(倫)
전 화	02)733-6771
f a x	02)736-4818
e-mail	pys@pybook.co.kr
homepage	www.pybook.co.kr
ISBN	979-11-303-1116-6 93550

정 가   17,000원